I厨房

微甜食光

杨桃美食编辑部 主编

江苏凤凰科学技术出版社　凤凰含章

图书在版编目（CIP）数据

微甜食光 / 杨桃美食编辑部主编 . -- 南京 : 江苏
凤凰科学技术出版社 , 2016.6
（含章·I厨房系列）
ISBN 978-7-5537-5751-3

Ⅰ.①微… Ⅱ.①杨… Ⅲ.①甜食 - 食谱 Ⅳ.
① TS972.134

中国版本图书馆 CIP 数据核字 (2015) 第 297691 号

微甜食光

主　　　编	杨桃美食编辑部	
责 任 编 辑	张远文　　葛　昀	
责 任 监 制	曹叶平　　方　晨	

出 版 发 行	凤凰出版传媒股份有限公司
	江苏凤凰科学技术出版社
出版社地址	南京市湖南路 1 号 A 楼，邮编：210009
出版社网址	http://www.pspress.cn
经　　　销	凤凰出版传媒股份有限公司
印　　　刷	北京旭丰源印刷技术有限公司

开　　　本	718mm×1000mm　1/16
印　　　张	14.5
字　　　数	250 000
版　　　次	2016年6月第1版
印　　　次	2016年6月第1次印刷

标 准 书 号	ISBN 978-7-5537-5751-3
定　　　价	39.80元

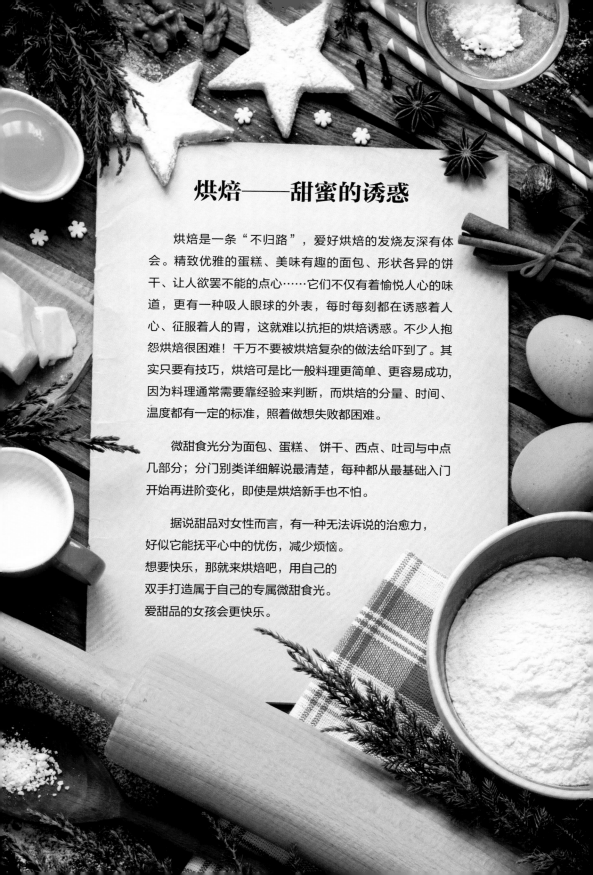

烘焙——甜蜜的诱惑

烘焙是一条"不归路"，爱好烘焙的发烧友深有体会。精致优雅的蛋糕、美味有趣的面包、形状各异的饼干、让人欲罢不能的点心……它们不仅有着愉悦人心的味道，更有一种吸人眼球的外表，每时每刻都在诱惑着人心、征服着人的胃，这就难以抗拒的烘焙诱惑。不少人抱怨烘焙很困难！千万不要被烘焙复杂的做法给吓到了。其实只要有技巧，烘焙可是比一般料理更简单、更容易成功，因为料理通常需要靠经验来判断，而烘焙的分量、时间、温度都有一定的标准，照着做想失败都困难。

微甜食光分为面包、蛋糕、饼干、西点、吐司与中点几部分；分门别类详细解说最清楚，每种都从最基础入门开始再进阶变化，即使是烘焙新手也不怕。

据说甜品对女性而言，有一种无法诉说的治愈力，好似它能抚平心中的忧伤，减少烦恼。想要快乐，那就来烘焙吧，用自己的双手打造属于自己的专属微甜食光。爱甜品的女孩会更快乐。

目录

私人面包秀，
浓浓的幸福味

亲手做蛋糕，
把幸运带回家

西式点心，
专享休闲时光

饼干，
无法抵抗的诱惑

吐司、中式点心，一个都不能少

附录

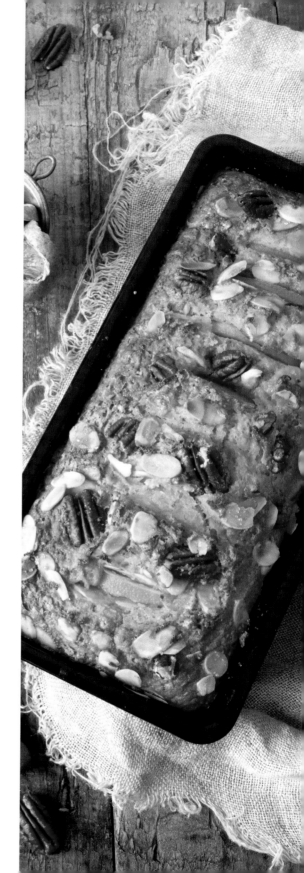

私人面包秀，浓浓的幸福味

　　浓浓的奶香味、细腻的口感，令人回味无穷，这是爱面包之人的心声，也正是这种味道俘获了不少人。而面包相对于米饭，更容易消化，你可以随心所欲用面包来当主食或午后点心。本章将给大家介绍一些DIY人气面包，在家来一场私人面包秀，制作出赏心悦目的美味面包，跟家人一起尽享浓浓的幸福味。

黄油小餐包

　　面粉、黄油、奶粉、黑芝麻这几种材料，平时看起来似乎是风马牛不相及。现在只需经过人的创意与精心制作，就会成为一种美味的惊喜。一个一个泛着金黄的小餐包在高温的洗礼下，一股一股浓浓的香味扑鼻而来，此时吃进去的不仅仅是食物的美味，更是一种亲自动手的温馨。一道爱自己、爱他人的惊喜早餐。

材料 Ingredient

A:
干酵母	8克
水	260毫升
全蛋	1个
奶粉	20克
盐	1小匙
细砂糖	100克

B:
高筋面粉	500克

C:
黄油	40克

D:
黑芝麻	适量
（或白芝麻）	

做法 Recipe

1. 先将材料A置入盆中一起拌匀至颗粒溶解，倒入高筋面粉，用橡皮刮刀拌匀所有材料，拌匀成面团。

2. 将黄油加入做法1的面团中，搓揉至完全融合，可不断甩打面团，以利面团出筋，至面团表面光滑不黏手即可。

3. 将面团滚圆置于抹油的容器中盖上保鲜膜，置于27~28℃的密封环境中让面团基础发酵，发酵至用手指戳入面团，凹洞可维持原状不弹回也不陷下即可。

4. 完成基础发酵面团，分成每个60克，整成圆形再静置松弛10分钟。

5. 做法4的面团在松弛完成后，即可置于烤盘上，准备进行35分钟的最后发酵。

6. 最后发酵完成后，用毛刷在面团表面刷上一层薄蛋液（分量外），并在面团中央沾上少许黑芝麻作为装饰，即可入烤箱烘焙。

7. 烤箱已预热至上火200℃、下火160℃，将面团送入烤箱烤约12分钟即可。

爱笑的人，运气不会差
微笑面包

　　我将这款面包命名为"微笑面包"，只因为那句"爱笑的人，运气不会差"。一堆不起眼的白色粉色，在人的辛勤劳作下，就如中了魔法，立即变身为美味有爱的食物。松软香甜、别有嚼劲的面包，画上赏心悦目的微笑图案，这一刻的你，想不裂开嘴笑都难。早晨给自己或者最爱的人来个微笑面包，让每天的你和他都有一个快乐的开始。

汤种面团

杏鲍菇	150克
蒜头	10克
松露酱	2大匙

基础面团

酥油	2大匙
白葡萄酒	2大匙
盐	1/4茶匙

内馅

布丁馅	适量
牛奶	少许

做法 Recipe

1. 将汤种面团材料全部放入搅拌均匀至糊状，待凉之后放入冰箱冷藏24小时取出。

2. 将酥油以外的基础面团材料全部倒入搅拌缸，同时放入撕成小块做法1中的汤种面团，一起搅拌成团后，再加入酥油搅拌至光亮不黏手即可，拉开有筋度的完成阶段（可加一点色拉油容易取出）。

3. 把做法2弄好的面团捏成每个60克左右小面团，分别滚圆后，盖上保鲜膜，放置10分钟。

4. 将做法3中的小面团用擀面杖擀长，中间放入内馅后对折，用剪刀剪三刀放入烤盘中，置于发酵箱中，以温度38℃、湿度为85%，进行发酵45分钟后取出。

5. 在做法4基础上，用布丁馅在表面上画上笑脸图，再刷上牛奶，放入烤箱内烘焙，以上火200℃、下火180℃烘焙12分钟左右即可享受新鲜美味的微笑面包。

布丁馅

材料

细砂糖85克，盐2克，全蛋128克，低筋面粉26克，玉米粉43克，水426毫升，奶粉25克，酥油21克

做法

❶ 将细砂糖、盐、全蛋、低筋面粉、玉米粉搅拌备用。

❷ 将水、奶粉、酥油煮至沸腾后，将做法1完成的材料放入，快速搅拌，再煮至浓稠状，且中间有起泡。

❸ 盛入派盘内（表面上可以抹上一层黄油以防止结皮）待凉即可。

此物最相思

红豆面包

"轻轻地咬一口红豆面包，甜甜的就像相遇时的奇妙。""轻轻地咬一口红豆面包，香香的那是初恋的暗号。" 一款"红豆面包"道出了面包的相思味。这层含义成功赋予了红豆面包感情，让吃客吃的不仅是一种美食，更是一种难以忘怀的情感。这款面包用高筋面粉、红豆、黑芝麻为主料，配以奶粉、黄油、鸡蛋等材料制成营养美味的面包，尤其红豆中含有丰富的维生素及微量元素，特别适合女性食用。想她，就为她做红豆面包。

比例 Ratio

基础甜面团	60克
豆沙	30克

材料 Ingredient

豆沙	300克
黑芝麻	适量
酥油	20克

做法 Recipe

1. 将完成基本发酵的基础甜面团900克，分割成每个60克，滚圆静置松弛10分钟。

2. 将每个面团略压成扁圆形，在中间填入适量豆沙后，将周围面团拉起，封口捏紧包成圆形。

3. 表面刷蛋水后，沾上黑芝麻，进行30分钟的最后发酵。

4. 最后发酵完成后，入烤箱以上火200℃、下火150℃烤13分钟左右即可。

备注：传统型红豆面包多使用市售豆沙包馅，馅的分量与面团的比例约为2：1。

基础甜面团

材料

A：干酵母8克，盐1小匙，奶粉20克，全蛋1个，水260毫升，细砂糖100克

B：高筋面粉500克，黄油40克

做法

❶ 将所有材料A置于大盆中一起拌匀至颗粒溶解。

❷ 将高筋面粉倒入上述材料中，用橡皮刮刀拌匀所有材料至成面团。

❸ 将面团移至干净台面上，加入黄油揉搓一段时间至完全与面团融合，并且甩打以利面团出筋，至面团表面光滑不黏手，即可准备将面团滚圆置于抹油的容器中盖上保鲜膜，进行基础发酵。

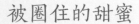

被圈住的甜蜜

甜甜圈

　　每个爱吃甜甜圈的女孩背后都有一个故事。有人爱甜甜圈只是纯粹地爱，有人爱甜甜圈是因为爱情，有人爱甜甜圈是因为友情，有人爱甜甜圈是因为亲情……咬进嘴里的甜甜圈，回忆突然涌现，那种细腻柔滑，仿佛初恋男友那种真挚细心的呵护，多年以后，甜甜圈还是那种初恋般的美味，它圈住曾经的甜蜜，你还记得自己那个被甜甜圈圈住的故事吗？

中种面团	
高筋面粉	167克
新鲜酵母	10克
水	100毫升

主面团	
高筋面粉	167克
奶粉	14克
细砂糖	40克
盐	5克
水	67毫升
全蛋	20克
黄油	40克

其他	
细砂糖	适量

做法Recipe

1. 将中种面团材料全部放入搅拌缸中，先用低速拌至成团，再改中速搅拌至面团拉开呈透光薄膜状的完全扩展阶段。

2. 将做法1面团滚圆，移入发酵箱，以温度28℃、相对湿度75%进行基础发酵约90分钟。

3. 将除黄油外的主面团材料全都倒入搅拌缸中，并加入撕成小块的做法2中种面团，一起搅拌至成团后再加入黄油，搅拌至面团光亮不黏手，拉开有筋度的完成阶段（加一点色拉油较容易取出）。

4. 做法3分割成每个约60克的小面团，分别滚圆后盖上塑料袋，静置松弛约10分钟。

5. 做法4表面中间压下成中空状后，移入发酵箱，以温度38℃、湿度85%进行最后发酵约45分钟，入油锅以180℃油炸，炸至表面呈金黄色，起锅沥干油，再沾细砂糖食用即可。

小贴士 Tips

➕ 要想炸出美味有卖相的甜甜圈，首先要控制好油温，每个甜甜圈油炸的时间控制在1.5分钟比较理想。其次要等到甜甜圈完全冷却以后，才能沾糖粉或白砂糖，否则热的甜甜圈沾上糖粉或细砂糖后，糖粉或细砂糖会很快溶化的。如果想要省油省事，可以选用直径小、高度深的锅具，这样炸出来的甜甜圈也不会打折。

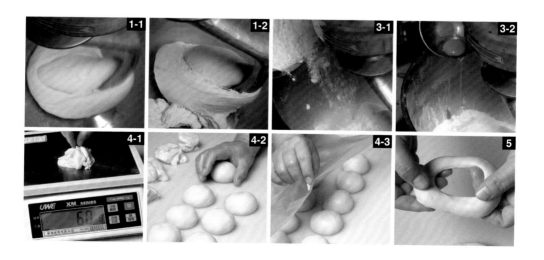

外酥内软
咖喱多拿滋

　　多拿滋是甜甜圈的一种，以面粉、细砂糖、黄油和鸡蛋混合成型，在中间注入咖喱肉馅的封闭型甜甜圈，同时它结合了西方经典的甜点风格和东方的松软口感，让你在每一次的咀嚼中体验美味在舌尖飞舞的感觉。尤其刚出炉的咖喱多拿滋，外酥内软的口感，带上香喷喷的咖喱味，真是棒极了。

中种面团

高筋面粉	167克
新鲜酵母	10克
水	100毫升

主面团

高筋面粉	167克
奶粉	14克
细砂糖	40克
盐	5克
水	67毫升
全蛋	20克
黄油	40克

其他

咖喱馅	适量
面包粉	适量

做法Recipe

1. 将中种面团材料全部放入搅拌缸中，先用低速拌至成团，再改中速搅拌至面团拉开呈透光薄膜状的完全扩展阶段。

2. 将做法1面团滚圆，移入发酵箱，以温度28℃、相对湿度75%进行基础发酵约90分钟。

3. 除黄油外的主面团材料全都倒入搅拌缸中，并加入撕成小块的做法2中种面团，一起搅拌至成团后再加入黄油，搅拌至面团光亮不黏手，拉开有筋度的完成阶段（加一点色拉油较容易取出）。

4. 做法3分割成每个约60克的小面团，分别滚圆后盖上塑料袋，静置松弛约10分钟。

5. 用手或擀面杖擀开小面团，包入咖喱馅后捏紧，表面均匀沾裹面包粉。

6. 做法5移入发酵箱，以温度38℃、湿度85%进行最后发酵约45分钟，入油锅以180℃油炸，炸至表面呈金黄酥脆状，捞出沥干油即可。

小贴士 Tips

➕ 高筋面粉：颜色较深，本身较有活性且光滑，手抓不易成团状，比较适合用来做面包，以及部分酥皮类起酥点心，比如丹麦酥。

我不是洋葱
大理石面包

大理石面包不仅外形独特，其味道也是美味至极。粗看大理石面包切开图，一层一层巧克力纹理像极了切开的洋葱纹理。一听面包名字还以为其口感极差，硬得像啃石头，相反它口感柔软酥松。或许正是因为这款面包很好地融合了蛋、奶粉、黄油、面粉、软质巧克力片等原料的优点，让面包得以醇香与柔软，轻松地征服了食客们的舌尖。

中种面团	
高筋面粉	350克
新鲜酵母	12克
水	210毫升

主面团	
高筋面粉	150克
细砂糖	50克
盐	10克
奶粉	10克
全蛋	90克
水	50毫升
黄油	125克

其他	
软质巧克力片 300克	

做法Recipe

1. 将中种面团材料全部放入搅拌缸中，先用低速拌至成团，再改中速搅拌至面团拉开呈透光薄膜状的完全扩展阶段。

2. 将做法1面团滚圆，移入发酵箱，以温度28℃、相对湿度75%进行基础发酵约90分钟。

3. 除黄油外的主面团材料全都倒入搅拌缸中，并加入撕成小块的做法2中种面团，一起搅拌至成团后再加入黄油，搅拌至面团光亮不黏手，拉开有筋度的完成阶段（加一点色拉油较容易取出）。

4. 将做法3面团放在桌面，展开成正方形（比巧克力片大一点）后，放入软质巧克力片，四角向内折使接缝处密合，擀开成长约45厘米、宽15厘米、厚薄度一致后，折成三折，静置松弛约15分钟后，再擀薄至0.5厘米厚，再度静置松弛。

5. 将做法4卷起成模型的厚度，再切成模型的长度后，放入模型中，移入发酵箱，以温度38℃、湿度85%进行最后发酵约45分钟后取出，入烤箱烘焙，以上火200℃、下火180℃烘焙约20分钟即可。

小贴士 Tips

➕ 擀面皮的时候要注意大小一致，最好能擀成方形。尤其多层面皮一起擀的时候，要力度一致，避免成品高低不平。

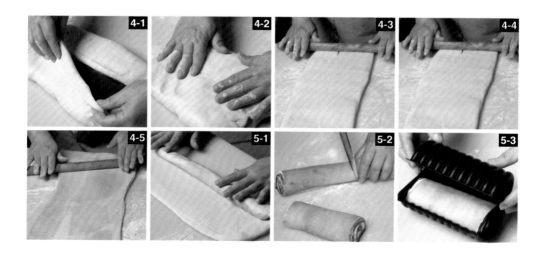

法棍的长情
法国面包

　　清晨时分，巴黎的大街小巷，来去匆匆的行人，怀抱一根用作早餐的长条面包穿梭走过。这成了一道巴黎的时髦风景。对法国人来说，面包就像中国人碗里的米饭。法国面包同葡萄酒一样，也上升到神祇的地位。法国面包外脆内软，有股单纯清香，爱吃之人，就会专情于它。

中种面团

高筋面粉	603克
新鲜酵母	15克
水	362毫升

主面团

低筋面粉	258克
盐	17克
水	224毫升

做法Recipe

1. 将中种面团材料全部放入搅拌缸中，先用低速拌至成团，再改中速搅拌至面团拉开呈透光薄膜状的完全扩展阶段。

2. 将做法1面团滚圆，移入发酵箱，以温度28℃、相对湿度75％进行基础发酵约90分钟。

3. 将主面团材料全都倒入搅拌缸中，并加入撕成小块的做法2中种面团，搅拌至面团光亮不黏手，拉开有筋度的完成阶段（加一点色拉油较容易取出）。

4. 做法3分割成每个约350克的面团，分别滚圆后盖上塑料袋，静置松弛约10分钟。

5. 将做法4面团整形成长条状，移入发酵箱，以温度38℃、湿度85％进行最后发酵约45分钟、膨胀至八分大时取出，放置表面结皮，再用刀在表面斜划上五刀，入烤箱烘焙，以上火200℃、下火180℃烘焙约20分钟即可。

小贴士 Tips

➕ 低筋面粉：颜色较白，用手抓易成团；低筋面粉的蛋白质含量平均在8.5％左右，蛋白质含量低，麸质也较少，因此筋度亦弱，比较适合用来做蛋糕、松糕、饼干以及挞皮等需要蓬松酥脆口感的西点。

还是爱这种"粗茶淡饭"的滋味
番薯面包

　　番薯面包集合芝麻的醇香、面粉的细腻柔滑、番薯的清甜，美味自然来。尽管这款面包的外形朴素，但它的营养价值却丝毫不朴素。番薯的滑肠作用，可减少脂肪吸收，另外食用番薯可增加饱腹感，减少进食欲望，从而达到减肥的目的；而芝麻具有润肤白皙之功效。一种面包吃出多种美容效果，谁不爱这种"粗茶淡饭"的滋味。

中种面团

高筋面粉	517克
新鲜酵母	12克
水	310毫升

主面团

低筋面粉	222克
盐	15克
水	192毫升

其他

黑芝麻	30克
番薯	1个
水	150毫升
细砂糖	150克

做法Recipe

1. 将中种面团材料全部放入搅拌缸中，先用低速拌至成团，再改中速搅拌至面团拉开呈透光薄膜状的完全扩展阶段。

2. 将做法1面团滚圆，移入发酵箱，以温度28℃、相对湿度75％进行基础发酵约90分钟。

3. 将主面团材料全部倒入搅拌缸中，并加入撕成小块的做法2中种面团，搅拌至面团光亮不黏手，拉开有筋度的完成阶段，再加入黑芝麻继续搅拌至均匀（加一点沙拉油较容易取出）。

4. 做法3分割成每个约120克的面团，分别滚圆后盖上塑胶袋，静置松弛约10分钟。

5. 其他材料中的水加上细砂糖，以小火煮滚后，放入去皮切小块的番薯，煮约1分钟后熄火，再继续闷约5分钟后，捞出放凉备用。

6. 将做法4面团整形成长条状，包裹做法5的番薯后，整形成擀榄状，移入发酵箱，以温度38℃、湿度85％进行最后发酵约45分钟，入烤箱烘焙，以上火200℃、下火180℃烘焙约20分钟即可。

红萝卜辫子面包

给面包编辫子,你没有搞错。红萝卜辫子面包就是这么一款需要用心良苦才能成功制作出来的面包。同时也是一款需要发挥个人创造才华的面包。没关系,只要按照下面的步骤图,你的烘焙技能瞬间提升,你也能做出这款卖相萌萌又美味的面包。用心做出来的面包才是世界最美味的食物。

中种面团

高筋面粉	471克
速溶酵母	6克
水	283毫升

主面团

低筋面粉	118克
改良剂	1克
红萝卜粉	18克
水	41毫升
细砂糖	47克
橄榄油	59克
盐	8克

做法Recipe

1. 将所有中种面团材料放入搅拌缸中,以慢速搅拌至无干粉状态,转中速搅拌至面团有筋度,即拉扯面团可感觉到略有弹性时取出面团。

2. 将做法1面团滚圆,放入钢盆中移入发酵箱,以温度28℃、相对湿度75%进行基础发酵约90分钟。

3. 将主面团材料中的水取适量倒入容器中,加入改良剂搅拌均匀。

4. 将橄榄油以外的所有主面团材料一起放入搅拌缸中,加入撕成小块的做法2中种面团,以慢速搅拌至无干粉状态,转中速搅拌至成团。

5. 将橄榄油加入做法4中,以中速搅拌至面团光亮不黏手拉开呈透光薄膜状的完全扩展阶段,取出面团。

6. 将做法5分割成每个约50克的小面团,分别滚圆后封上保鲜膜静置松弛约10分钟。

7. 将松弛好的做法6以擀面杖擀成长的椭圆形,再从宽的一面卷起成长条形,以手搓至约20厘米长,封上鲜膜静置松弛约10分钟,每5条排列成扇形,依序将第2条拉至成第3条、第5条拉至成第2条、第1条拉至成第3条,重复步骤至编至结尾处后捏紧收口。

8. 将做法7放入烤盘中移入发酵箱,以温度38℃、湿度85%进行最后发酵,约45分钟后体积膨胀为一倍大,取出移入预热好的烤箱中,以上火180℃、下火180℃烘焙约30分钟即可。

芝麻面包

有芝麻的面包就是好面包。黑白芝麻粒粒密集地散在面包上，组成一幅黑白配。在芝麻的加入下，面包的醇香味大大地升级，咬进嘴里的那一瞬间，就能紧紧地抓住人的味蕾，让人念念不忘。无其他面包油腻感，绝对是胃口清淡人士的心头之爱。

材料 Ingredient

A:

高筋面粉	746克
速溶酵母	11克
裸麦面粉	160克
全麦面粉	160克
盐	21克
麦芽精	2克
改良剂	2克
水	639毫升
橄榄油	64毫升
黑芝麻	85克

B:

黑芝麻	50克
白芝麻	50克

做法 Recipe

1. 取适量水倒入容器中，依序加入麦芽精与改良剂搅拌均匀。将所有面团主材料（除橄榄油、黑芝麻外）一起放入搅拌缸中，以慢速搅拌至无干粉状态，转中速搅拌至成为面团。

2. 将橄榄油加入做法1中，续以中速搅拌至面团拉开呈透光薄膜状的完全扩展阶段，加入黑芝麻续搅拌数次至均匀即取出面团。

3. 将做法2面团滚圆，以温度计测量面团中心温度需为26~27℃，放入钢盆中移入发酵箱，以温度28℃、相对湿度78%进行基础发酵约60分钟。

4. 待做法3发酵完成，取出再次滚圆以释放不规则的气体，续放入发酵箱中延续发酵约30分钟，即为直接面团。

5. 将做法4的直接面团分割成每个约300克的小面团，滚圆封上保鲜膜静置松弛10~15分钟。

6. 将做法5松弛好的面团以擀面杖擀开，再卷起成擀榄形，并将表面均匀沾上混合的黑白芝麻，放入烤盘中移入发酵箱，以温度38℃、相对湿度85%进行最后发酵40~45分钟至体积膨胀为一倍大。

7. 将做法6取出，置于常温中3~5分钟使表面结皮，再以割刀在表面斜划出4条刀纹。

8. 将做法7移入预热好的烤箱中，以上火200℃、下火180℃烘焙约25分钟即可。

6-1 6-2

6-3

7-1

7-2

味美"救生圈"
原味贝果

　　泛着金黄色泽光滑的原味贝果，就像一个个缩小版的"救生圈"。它经过高温烘焙，具有特殊的韧性与风味。尤其刚出炉的贝果非常好吃，外皮脆脆的内里又很有嚼劲。说它们是拯救味蕾的"救生圈"一点也不过分。贝果的低脂、低胆固醇、低发酵受到营养学家的青睐，在纽约的街头更是随处可见，风行至极。

材料 Ingredient

高筋面粉	500克
红糖	20克
盐	8克
水	290毫升
新鲜酵母	10克
水	1000毫升
细砂糖	40克

做法Recipe

1. 将高筋面粉、红糖、盐倒入大钢盆中。倒入水，均匀搅拌面粉和水，使之混合成团。加入新鲜酵母，将之充分和匀于面团中。

2. 将面团移置桌面上，用力地搓揉15~20分钟，直到面团表面光滑，质地柔软。将面团展延，可成为一个微微透明的薄膜为止。

3. 将做法2的面团分割成每个80克的小面团（共10个），并分别滚圆。

4. 将做法3滚圆的小面团，从正中间用大拇指戳一个洞，并将面团整形成圈状。

5. 将做法4的面团盖上塑料袋（保鲜膜亦可），使之发酵15~20分钟。

6. 取一锅，倒入水和细砂糖，以中火煮沸。将发酵完毕的面团放入滚水中，两面各煮约1分钟，即可捞起置于烤盘上。

7. 烤箱预热220℃，放入做法6煮过的贝果，烘焙18~22分钟，至外表呈金黄色时即可取出。

小贴士 Tips

➕ 贝果是不需要基础发酵的，最后发酵垫布是为了防止粘连。同时贝果面团比较硬，揉面比较辛苦，不过不要随意往里面加水那样面团太软不好整形。注意煮好的贝果应立即烤制。

3

4

5

6-1 6-2

你我的心头之爱
硬式牛角面包

如弯月形的"牛角面包" 形状如牛角，是许多人的心头爱。它的法语名字"croissant"是"新月"的意思。这个如弯月形面包造型的灵感，传说纷云，最为人所称颂的说法是来自土耳其的军队人手一把的"土耳其弯刀"。牛角面包外表皮酥脆，里面软香，唤醒沉睡一晚的味觉，让早晨变得更加美好。

中种面团

高筋面粉	207克
速溶酵母	3克
水	104毫升

主面团

低筋面粉	207克
细砂糖	100克
盐	6克
全蛋	25克
牛奶	78毫升
黄油	66克

表面装饰

三花牛奶	少许

做法Recipe

1. 先将中种面团的材料全部放入搅拌缸中，用勾状拌打器搅拌，将面团搅拌至扩展阶段，加入少许的色拉油（材料外），再用慢速拌两下即可取出。

2. 面团滚圆后，将接口朝下，再放进大的钢盆中，进行基础发酵约90分钟。

3. 将主面团中，除了奶黄油外的全部材料倒入搅拌缸中，并将步骤2的中种面团撕成小块状，加入搅拌缸中与主面团混合，再用勾状拌打器搅拌成团。

4. 成团后加入黄油继续搅拌至完成阶段（撑开可拉出薄膜状，且破裂处呈完整圆洞），再加入少许的色拉油（材料外），用慢速拌两下即可取出。

5. 将面团分割成每个60克后进行滚圆，完成后表面覆盖一层保鲜膜以预防结皮，再静置松弛10分钟。

6. 使用擀面杖将面团头部的部分往两侧擀开，再用左手一边适度地拉直面团尾部，并将它均匀擀薄，最后呈现出水滴的形状。

7. 在水滴状面皮较宽的底边中央切一小裂口，再将面皮由底边向尖端卷起使成牛角形，卷到最后时，将尖端放在卷好的面皮底下。

8. 将整形后的牛角间隔排入烤盘中，再进行最后发酵约45分钟，直到面团厚度膨胀到1倍大。

9. 用毛刷在牛角表面刷上三花牛奶后入炉，以烤箱温度上火200℃、下火180℃，烘焙约20分钟即可。

法式酥皮包折法

层层相依

法式酥皮是起酥面包的一种。在它的制作过程中，虽然未添加任何膨发剂，却能达到烘焙后酥松膨大的效果，主要就在于层层包裹的面团里的油脂。面团包覆着大量的油脂，经过层层相叠制作之后，加热时油脂会溶化，就形成层次分明又香酥可口的酥皮。

材料 Ingredient

高筋面粉	200克
低筋面粉	80克
冰水	154毫升
细砂糖	24克
白油	40毫升
裹入油	400克

做法Recipe

1. 将高筋面粉和低筋面粉混合后，用手将面粉堆高筑成粉墙，并在中间处挖出凹槽状后，加入冰水、细砂糖、白油一起搅拌均匀。

2. 把做法1的材料慢慢地用手整成圆球状后，再静置松弛30公钟备用。

3. 将做法2的面团使用擀面杖擀成正方形面皮，再把裹入油放置在面皮中央处。

4. 将面皮的四角依序向内折叠后，再使用擀面杖擀平成长度为宽度4倍的面皮。

5. 再取面皮两端各约1/4处向内折叠。

6. 将面皮折叠出4层，以保鲜膜包裹后，静置松弛30分钟。反复做法4到做法6的动作共四次（四折四次）即可。

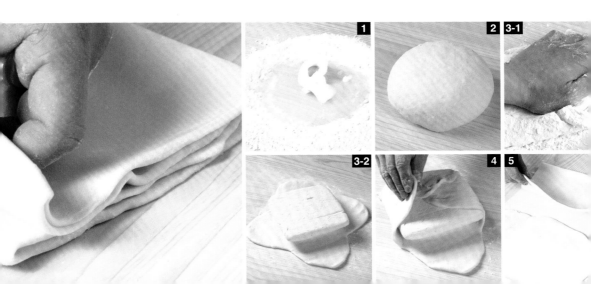

留在夹层间的丝滑
拿破仑酥

爱吃糕点的人，对拿破仑酥并不陌生，那种外皮酥脆，内层丝滑质感，让舌尖迷恋不已。似乎每个人制作的拿破仑酥都与众不同，都有着自己的独有风格。色泽金黄酥脆的酥皮面皮、松软的酥饼以及口感丝滑的奶油经过"好不容易"地组合，再撒上醇香的碎松饼屑与核桃。香滑、松软交织在一起，带给你不一样的味觉体验。

酥皮材料

A:
高筋面粉	200克
低筋面粉	80克
冰水	154毫升
白油	40毫升

B:
裹入油	375克

内馅及装饰材料

鲜奶油	适量
核桃	适量
碎松饼屑	适量
糖粉	少许

做法Recipe

1. 将酥皮材料A的分量和裹入油一起制作酥皮面团，其做法请参考P36法式酥皮制作。

2. 将做法1已完成的酥皮面团，用擀面杖擀成长65厘米、宽43厘米的长方形酥皮面皮后，放入烤盘内静置松弛30分钟。

3. 在酥皮面皮的表面上戳出数个小细洞后，再放入烤箱中以180℃烤到表面呈现出金黄色泽后再翻面继续烤至酥脆。

4. 将做法3烤熟的酥饼皮以刀子分切成4等份，每片都先涂抹上一层鲜奶油后再撒上核桃。

5. 将做法4的材料相叠覆盖后，最后在酥皮的表面上涂抹一层鲜奶油，再撒上碎松饼屑和糖粉即可切片食用。

童趣的滋味
大理石牛角面包

　　面包就是一种能让生活艺术家发挥自己才华的美食。同样的材料，因不同人的想象力与创造力，可以变成不同味道、不同外观的美食。还记得第一次吃到牛角面包的感受吗？送进嘴里咬一口，就被那股浓浓的奶香和松软的口感深深地迷住。没错，在面包的王国，总会找到让你情迷的那一款。

中种面团	
高筋面粉	207克
速溶酵母	3克
水	104毫升
（内馅）	
巧克力酱	适量

主面团	
低筋面粉	207克
细砂糖	100克
盐	6克
全蛋	25克
牛奶	78毫升
黄油	66克

装饰	
三花牛奶	少许

做法Recipe

1. 将中种面团与主面团做成牛角面团（做法请见P35步骤1~4）。

2. 将做法1的面团滚圆后，松弛10分钟左右后，再用擀面杖由面团中间向上下两端，均匀擀开成长形面皮。再将巧克力酱涂抹于面皮上后，将面皮折成3折（擀开后再折3折的动作需重复3次）。再擀成薄厚度约0.3厘米、长54厘米、宽32厘米大小的长方形，再于表面覆盖一保鲜膜以预防结皮，再静置松弛10分钟。

3. 用滚轮刀或刀子把面皮不规则的边端去掉，再切成每个底为9厘米、高16厘米的三角形。

4. 把每个切好的三角形面皮的底边中央切一小裂口，再将面皮由底边向尖端卷起使成牛角形，卷到最后时将尖端放在卷好的面皮底下。

5. 将整形后的牛角间隔距离一致排入烤盘中，进行最后发酵40~60分钟，直到面团厚度膨胀到1倍大。

6. 用毛刷在牛角表面上刷一层三花牛奶后入炉，以烤箱温度上火200℃、下火200℃烘焙约20分钟即可。

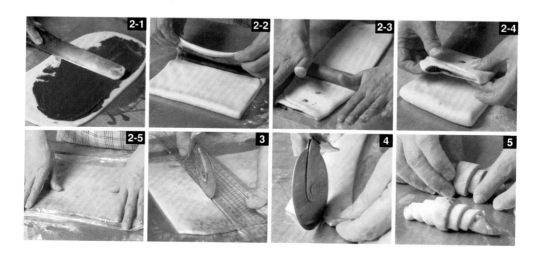

可颂面包

優雅的滋味

"Croissant" 音译为可颂，其名字充满了浓浓的"优雅"韵味。法国人的经典搭配法——加上一杯温暖的牛奶。浓浓的牛奶香，丝滑的口感，配上可颂面包的黄油馥郁香味，松软口感，更是别具风味。一天的优雅，可以从早晨开始。

材料 Ingredient

高筋面粉	398克
盐	9克
黄油	28克
低筋面粉	171克
冰水	273毫升
裹入油	263克
速溶酵母	15克
全蛋	57克
细砂糖	46克
奶粉	23克

装饰

三花牛奶	少许

做法Recipe

1. 将材料中除了黄油、裹入油以外的材料，全部放入搅拌缸中，用勾状拌打器搅拌成团。加入黄油继续搅拌至面团呈光滑状，再加入少许的色拉油（材料外），用慢速拌两下即可取出。

2. 将面团滚圆后，接口朝下，放入钢盆并封上保鲜膜，放入冰箱冷藏，松弛10～15分钟，至面团呈如耳垂的软度状即可。

3. 在桌面撒上少许的高筋面粉（材料外），取出已松弛的面团，先以按压的方式压出比裹入油面积大2倍的正方形，接着将已整成正方形的裹入油，放置于面团的中央，将面团4个角向中央折起拉拢，紧密包覆裹入油，接缝处需捏紧，以防擀压时裹入油会漏出。

4. 于面团表面撒些高筋面粉（材料外），再用擀面杖由面团中间向上下两端均匀擀开成长形面皮，再将面皮折成3折（擀开再折3折的动作重复3次），装入塑料袋中封好，放入冰箱冷冻松弛30分钟。

5. 取出面团，用擀面杖从面团中心往对侧、再从中心朝身体处移动擀平面皮。擀成薄厚度约0.3厘米、长54厘米、宽32厘米大小的长方形，表面覆盖一层塑料袋，再静置松弛约10分钟。

6. 用滚轮刀或刀子把面皮不规则的边端去掉，再把面皮切成每个长32厘米、宽9厘米的长条形，再自面皮长32厘米的中间处对切成一半，即成为每个长16厘米、宽9厘米的小长条形，最后再以对角斜切的方式，分成两个底为9厘米、高16厘米的三角形。

7. 把每个切好的三角形面皮的底边中央切一小裂口，将面皮由底边向尖端卷起使成牛角形，卷到最后时将尖端放在卷好的面皮底下，并将牛角两端相接。

8. 将整形后的牛角间隔距离一致的排入烤盘中，进行最后发酵40～60分钟，直到面团厚度膨胀到1倍大，用毛刷在牛角表面刷一层三花牛奶后入炉，以烤箱温度上火200℃、下火200℃，烘焙约20分钟即可。

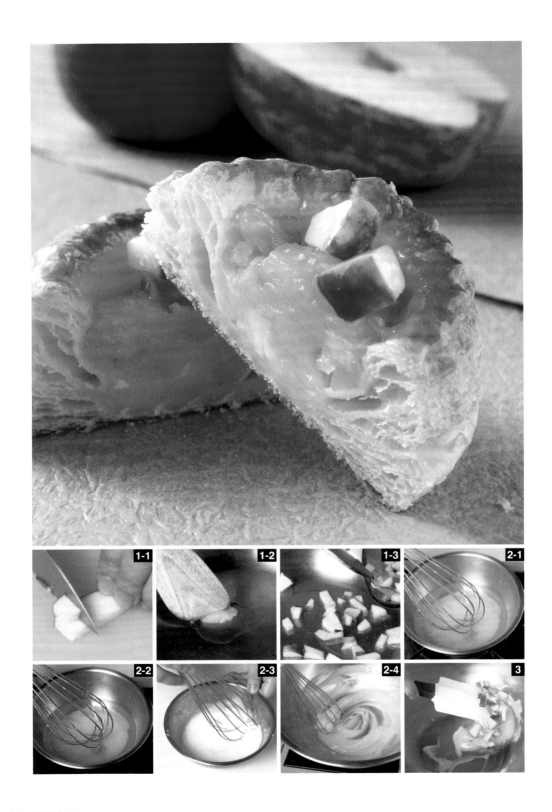

为你筑起爱的堡垒
Q心苹果

酥脆美味的外皮将甜蜜Q润的苹果馅小心收藏，仿佛一个为爱建筑的堡垒。轻轻咬下一口，爱人的私语犹在耳畔：You are the apple of my eyes（你是我眼中的苹果）。这也是曾风靡一时的电影《那些年，我们一起追的女孩》的英译名。或许是此语出自圣经的缘故，所以带着一种古老而虔诚的浪漫——你是我眼中的苹果，你是我心底的最爱，你是我最珍视的某人……

面团

高筋面粉	300克
低筋面粉	200克
新鲜酵母	25克
水	170毫升
盐	5克
细砂糖	50克
奶粉	25克
全蛋	125克
黄油	25克
裹入油	350克

内馅

苹果馅	300克
粿加蕉	150克

做法Recipe

1. 将裹入油做成正方形备用。将所有面团材料（除黄油、裹入油外）放入搅拌缸中，先用勾状拌打器以慢速拌至无干粉状，转中速拌成面团，加入黄油拌至光亮有筋度。

2. 将面团展开成比裹入油大一点的正方形，再放入裹入油，将面团的四个角向内折使接缝处密合。

3. 将做好的面团擀成长约100厘米、宽约30厘米，厚薄度一致的面饼，再将面团折成4折。

4. 重复做法3的擀长和对折的动作一次，将面团放入冰箱冷藏室松弛15~20分钟，再取出重复一次做法4（共计三次）。

5. 将面团擀至厚度约1.5厘米，再松弛15~20分钟。用圆形模型将松弛好的面团压成圆形状，此时它会发酵至原体积的约2倍大；把面团中间向下压出一个凹洞，放入10克粿加蕉与20克苹果馅。

6. 将其放入烤箱，以上火200℃、下火220℃烘焙约12分钟即可。

苹果馅

材料

苹果丁148克，黄油20克，水88毫升
玉米粉17克，细砂糖35克

做法

❶ 将带皮苹果切丁备用，取平底锅烧热放入黄油溶化，加入苹果丁拌炒。

❷ 取适量的水将玉米粉搅匀；将剩余的水与细砂糖一同煮至沸腾，倒入搅匀的玉米粉，用打蛋器搅拌至糊化。

❸ 直至其呈现透明状态后关火，再将做法1的苹果丁加入搅拌均匀，苹果馅就做好了。

片片不薄情
意式脆饼

意式脆饼的原文为"Biscotti"，是一种深受意大利人欢迎的饼干，意思指的就是二次烘焙，就是因为经过了分切后第二次入炉烘焙的过程，使脆饼从里到外的每一个部分，都烤得相当透彻，才能有意式脆饼特殊的酥脆口感。意式脆饼最大的特点就是香、脆、硬，它利于储存，是意大利人度假时必备的小点心。

材料 Ingredient

糖粉	80克
黄油	53克
盐	3克
全蛋	80克
低筋面粉	201克
泡打粉	2克
核桃仁	80克

做法Recipe

1. 将糖粉、黄油、盐放入干净无水的钢盆中，搅打至微发状态，分数次加入全蛋搅拌均匀（每次加入均需搅拌至均匀以防止糖油分离），再加入过筛的低筋面粉、泡打粉继续搅拌至均匀，最后加入核桃仁拌匀。

2. 将做法1分割为250克的小面团，整形为宽10厘米厚1厘米的长方条，移入预热好的烤箱中，以上火200℃、下火180℃烘焙约20分钟。

3. 取出做法2放置至微凉，切割成1.5厘米宽的小长条后，再次放入烤箱中，以上火150℃、下火150℃继续烘焙约30分钟至完全干酥即可。

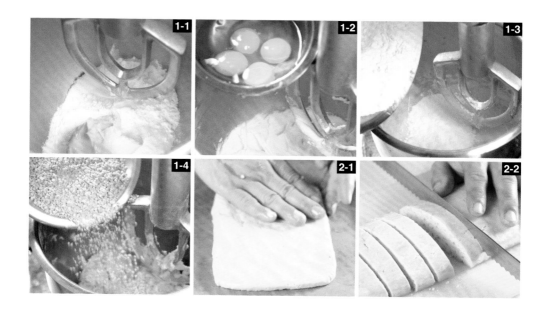

与菠萝无关
日式菠萝面包

日式菠萝面包，一款与水果菠萝无关的面包。因其经烘焙过后表面金黄色、凹凸的脆皮状似菠萝因而得名。日式菠萝面包的外层表面的脆皮，一般由细砂糖、鸡蛋、面粉与猪油烘制而成，是菠萝包的灵魂，为原本比较普通的面包增添了独特口感。好吃的日式菠萝面包，酥皮应该香脆甜美，而包身则是柔软。

中种面团	
高筋面粉	167克
新鲜酵母	10克
水	100毫升

主面团	
高筋面粉	167克
奶粉	14克
细砂糖	40克
盐	5克
水	67毫升
全蛋	20克
黄油	40克

菠萝皮	
高筋面粉	250克
酥油	133克
全蛋	83克

其他	
细砂糖	适量

做法Recipe

1. 将中种面团材料全部放入搅拌缸中，先用低速拌至成团，再改中速搅拌至面团拉开呈透光薄膜状的完全扩展阶段。

2. 将做法1面团滚圆，移入发酵箱，以温度28℃、相对湿度75%进行基础发酵约90分钟。

3. 除黄油外的主面团材料全都倒入搅拌缸中，并加入撕成小块的做法2中种面团，一起搅拌至成团后再加入黄油，搅拌至面团光亮不黏手，拉开有筋度的完成阶段（可加一点色拉油较容易取出）。

4. 做法3分割成每个约60克的小面团，分别滚圆后盖上塑料袋，静置松弛约10分钟。

5. 将菠萝皮材料一起拌匀至会黏手，再分切成10块备用。

6. 将做法5菠萝皮压平铺在做法4面团上，再移入发酵箱中，以温度38℃、湿度85%进行最后发酵约45分钟。

7. 烘焙前表面沾裹细砂糖，再用刮板压出格状纹路（若不压纹路，则会烤出自然裂痕），入烤箱烘焙，以上火200℃、下火180℃烘焙约12分钟即可。

裹在其中的甜蜜

红豆汤种面包

汤种面包比较有嚼劲，湿润度也比其他类型的面包要高，因此吃起来松软无比。它还有独特的味道，有点像大米发酵的香气。在面包的中间再加入红豆馅，让面包的口味升级。味道清甜、口感很沙、入口即化的红豆沙与松软醇香的面包，带动沉睡已久的味蕾一起舞动。

汤种面团

高筋面粉	137克
盐	7克
细砂糖	10克
90℃热水	48毫升

基础面团

高筋面粉	205克
新鲜酵母	5克
奶粉	7克
全蛋	10克
水	181毫升
酥油	20克

其他

红豆馅	300克
白芝麻	适量
黑芝麻	适量
牛奶	少许

做法Recipe

1. 将汤种面团材料全部加入，以擀面杖拌匀至无干粉状（称为糊化），待凉后装入袋中放置冷藏，约24小时后取出。

2. 除酥油外的基础面团材料全都倒入搅拌缸中，并加入撕成小块的做法1汤种面团，一起搅拌至成团后再加入酥油，搅拌至面团光亮不黏手，拉开有筋度的完成阶段（可加一点色拉油，这样面团较容易取出）。

3. 做法2的面团分割成每个约60克的面团，分别滚圆后盖上塑料袋，静置松弛约10分钟。

4. 略压扁做法3的小面团，中间包入红豆馅，表面稍微压平，用剪刀剪五刀成花状，放入烤盘中，表面撒上白芝麻，中间沾裹黑芝麻。

5. 移入发酵箱，以温度38℃、湿度85%进行最后发酵，约45分钟后取出，表面均匀刷上一层牛奶，入烤箱烘焙，以上火200℃、下火180℃烘焙约12分钟即可。

小贴士 Tips

➕ 汤种面团是使用65℃以上的热水，使面粉中的淀粉因为热而糊化，所制作出来的面团吸水量较高，再加上低温发酵，所以口感比较软!

  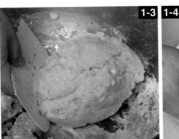 

3

4-1

4-2 4-3

亲手做蛋糕，把幸运带回家

蛋糕，一种美食艺术品，既能带给人视觉享受，又能带给人美味体验。蛋糕含有 "快乐""幸福""幸运""祝福"之意。它既可表达情意，又能大大地满足味蕾。只要你有足够的想象力，一颗热爱的心，就可以创造出各种美味漂亮的蛋糕。

海绵蛋糕

戚风蛋糕

重黄油磅蛋糕

奶酪

四大经典蛋糕介绍

海绵蛋糕 Sponge Cake

最能表现出蛋糕多变性的，非海绵蛋糕莫属了。与轻盈如雪纺纱般的戚风蛋糕相比之下，海绵蛋糕的组织就来得细密得多，因不像戚风蛋糕那么容易扁塌，所以也比较适合作更多的变化。例如庆典用的装饰性大蛋糕、卷成圆筒状的果酱卷蛋糕，或者必须承载馅料重量与装饰的夹层蛋糕，以及慕斯蛋糕底层的蛋糕体，也都是使用海绵蛋糕。

烤一个最基本的海绵蛋糕，只要分切成两层或三层，再搭配各种口味的鲜奶油、水果或慕斯夹馅，就可以变化出各种不同口味，外层再抹上打发的鲜奶油、装饰各色水果，就是华丽的生日蛋糕。此外，如果只想简单变化口味，调整配方并添加可可粉或各种不同口味的果汁，也可以像戚风蛋糕一样做出巧克力或其他水果口味的海绵蛋糕。

戚风蛋糕 Chiffon Cake

香草戚风蛋糕是最基本的戚风蛋糕做法，不仅材料简单容易取得，只要能成功掌握制作技巧与原理，要再自行变化出其他口味都不成问题。

戚风蛋糕口味的不同变化上，最重要是来自于配方中水分以及添加香料的风味，其他材料则会适时地稍作调整。就香草戚风蛋糕与咖啡戚风蛋糕而言，也只是将咖啡液与香草精替换而已，再调整细砂糖和色拉油的分量，就可以制作出两种截然不同的风味。此外，我们也可以香草戚风蛋糕的材料为不变的面糊基底，最后再拌入适量葡萄干，或者水果颗粒、奶酪丁等，让质软而不适合层叠夹馅的戚风蛋糕，也能展现除了单一色泽以外的丰富风情。

重黄油磅蛋糕 ButterPoundCake

重黄油磅蛋糕因为添加了大量的油脂，并且是借助固态油脂打发拌入空气的方式来膨大蛋糕体积，所以在烘焙后的蛋糕组织上呈现颗粒细腻且口感扎实，并有一股浓郁的奶香，多不加装饰而保持朴实自然的原状，但因成本较戚风蛋糕及海绵蛋糕昂贵。

正因重黄油磅蛋糕的组织细密扎实，所以即使在面糊中加入核桃、松子等干果类以及水果蜜饯颗粒一起烘焙也不会沉淀，所以要变化重黄油磅蛋糕的口味也很容易，最简单的就只要利用相同的面糊配方，加入不同种类的坚果或水果干，如腰果、葡萄干等就可以了。另外，调整配方再加入水果成分，也可做出各种如苹果、香蕉口味的重黄油磅蛋糕，如果在蛋糕表面刷上少许洋酒，则更能增添重黄油磅蛋糕的迷人香气。

奶酪蛋糕 Cheese Cake

相较于海绵蛋糕膨松的口感，奶酪蛋糕则是显得绵密细致而丰富扎实，含入口中的那一瞬间，丰富的奶酪香气分子便在舌间化了开来，柔软的蛋糕像是一朵朵小小的黄色云朵，在嘴里慢慢地融化，甜与酸的微妙平衡感恰到好处，而且不论是配茶或是咖啡都非常适宜。

如果够细心的话，你会发现在店家的蛋糕柜里，奶酪蛋糕的变化和种类愈来愈多了，而且口味也不断地推陈出新，迎合许多不同偏好的奶酪蛋糕迷，像是巧克力口味的大理石奶酪蛋糕、咖啡奶酪蛋糕、香橙奶酪蛋糕、水蜜桃奶酪塔等，能让吃过的人都难忘其中的美妙滋味，甚至一尝就上瘾呢！

海绵蛋糕制作关键

粉类过筛两次以上

想要制作出组织松软的蛋糕，其中的面粉过筛就是不可省略的步骤之一，过筛的目的主要是可以让面粉中的杂质与结块的颗粒借助过筛来沥除或打散，避免因面糊混杂细颗粒而影响蛋糕口感，而过筛两次以上会更为松软。另外，除了面粉需过筛，其他蛋糕使用的粉类材料亦可一并过筛，并借此混合均匀。

轻敲烤模使空气释出

面糊倒入烤模后，轻轻抬高烤模，敲一下桌面，让面糊里多余的空气释出，烤出来蛋糕组织才不会有大大的洞洞。而圆形烤模的蛋糕出炉后，建议也先敲一下烤模的侧边，让空气跑出后再倒扣于凉架上待凉，如此可让结构好看，避免因为蛋糕中有空气及水气，而呈现凹陷及潮湿状，进而影响松软口感。

面糊搅拌好应尽速烘焙

面糊搅拌好要尽速放入烤箱中烘焙，同时烤箱已预热完毕，因为面糊自拌好后就会逐渐消泡，所以无论是在烤箱内等待加温，或者是待烤箱预热到需要的温度后再放进去烤，蛋糕都会因膨胀力道不够，无法顺利膨胀，甚至会产生沉淀，如此烤出来的蛋糕就会塌塌的。

出炉后倒扣于凉架上

蛋糕出炉后须连同烤模一并倒扣在凉架上，这是因为"热胀冷缩"的原理，避免蛋糕从炙热的烤箱中取出，立刻接触冷空气而遇冷收缩，倒扣则可大幅减少收缩的幅度，等蛋糕稍微冷却不烫手后再从烤模中取下。

完美慕斯蛋糕的Q&A

？ Q1: 吉利丁片要怎么使用呢？

! 由于制作慕斯蛋糕大部分会使用到吉利丁片，而吉利丁片使用前要先放在冰水中泡软，再隔水加热至融化，才能加入其他材料中一起使用。

？ Q2: 香草豆要怎么使用呢？

! 有时为了增加风味，我们在制作慕斯蛋糕体时会添加香草豆来产生不一样的风味感，而香草豆的使用也是十分简单，只要牢记以下2个步骤你就能轻松搞定它了。

Step1: 将香草棒从中间处直剖开。

Step2: 使用刀子将香草棒的籽刮出来后，放入牛奶中，以小火煮至香味溢出来后，再捞起豆荚即可。

？ Q3: 制作完成好的慕斯蛋糕该如何保存呢？

! 由于慕斯蛋糕中有添加吉利丁片以增加其凝固力，但是因为吉利丁片在温度10℃以上就会开始慢慢融化了，所以制作完成好的慕斯蛋糕一定要放在冰箱中低温冷藏，也就是说温度最好是控制在10℃以下，才能确保慕斯蛋糕的保鲜度，所以当你想要制作慕斯蛋糕时，最好先将家中的冷藏温度控管好，这样辛辛苦苦制作出来的慕斯蛋糕才不会因为温度问题而导致失败。

戚风蛋糕制作成败关键

1. 粉类的处理

想要制作出组织松软的蛋糕，其中的面粉过筛就是不可省略的步骤之一。过筛的目的主要是可以让面粉中的杂质与结块的颗粒借助过筛来沥除或打散，避免因面糊混杂细颗粒而影响蛋糕口感。另外，除了面粉需过筛，其他蛋糕使用的粉类材料亦可一并过筛，并借此混合均匀。

2. 黄油的处理

黄油买来后即必须贮存在冰箱避免融化，而冷藏后的黄油质地会变硬，因此事前必须取出退冰软化，才能利于后续的操作。一般退冰软化的方法是置于室温下，待可用手指压出凹陷状即可。

3. 鸡蛋的处理

通常鸡蛋买回来后都会置于冰箱冷藏库保鲜，但是制作蛋糕时，若鸡蛋的温度太低则会影响鸡蛋的打发效果，进而使蛋糕的组织与口感不如预期般的理想了，因此事前必须先将鸡蛋置于室温下回温。至于将蛋黄和蛋清分开最简易的方法，可以先准备一个干净的容器，再将蛋壳敲分成两半，直接利用各半蛋壳将蛋黄移动盛装，蛋清自然就会流到下面的容器中了。

4. 出炉后需连同烤模一并倒扣在凉架

使用圆形烤模的戚风蛋糕类出炉后，建议皆需先敲一下烤模的侧边，让空气跑出后再倒扣于凉架上待凉，如此可避免因为蛋糕中有空气及水气，而呈现凹陷及潮湿状，进而影响松软口感。

5. 干性发泡与湿性发泡的差异

蛋清打发大致可分成三个阶段：起始发泡期是将蛋清打散且泡沫会变大；湿性发泡期是泡沫会变小，且外观呈湿润感、柔软、富弹性，用打蛋器捞起蛋清时，顶端呈下垂状；干性发泡则是形态坚硬，用打蛋器捞起蛋清时，尖端挺立不掉落。至于发泡期是呈无光泽的棉花状，蛋白质与水分分离、干燥、容易消泡，难与其他材料混合，其形态更为坚硬，泡沫捞起不掉落。

6. 瑞士卷的卷法秘诀

你是否曾经为了卷出的瑞士卷中间的空隙太大，或者卷完后会松脱而感到烦恼？其实想要卷出漂亮的瑞士卷并不难，只要掌握住一开始卷起时用小卷，且稍下压使其扎实无空隙后，再慢慢将蛋糕卷起，最后收尾时留意烘焙纸与蛋糕卷之间必须没有空隙，并静置5~10分钟后再将纸拆开，才能避免后续松开的情形。若瑞士卷夹心为体积较大的水果如草莓，可以事先于蛋糕体涂抹奶油霜来填补空隙。

7. 蛋清与面糊分次拌合的原因

制作戚风蛋糕时，会将面糊准备好以后再与打发的蛋清混合搅拌，此阶段通常会先将1/3的蛋清量加入拌匀，再加入剩余的蛋清量拌合。这样做可以避免一次加入蛋清时，可能发生混拌不均而导致蛋糕烤好后，呈现颜色不均匀以及口感不好的问题。

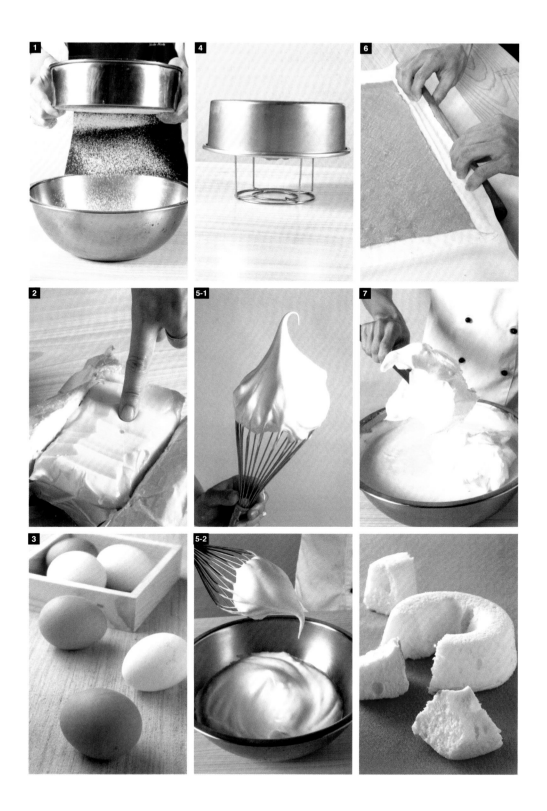

成功烘焙奶酪蛋糕的秘诀

秘诀1 奶油奶酪需先软化

刚从冰箱中取出的奶油奶酪硬梆梆的，当然要先经过室温或隔水加热的方式待软化后，才能与其他材料一起搅拌均匀，不仅在搅拌过程中可以省力气外，也较不会让面糊产生颗粒，破坏口感。

秘诀2 粉类必须事先过筛

烘焙初学者一定要记得这个秘诀，无论烘焙什么样的点心都要将粉类先过筛，才能进行接下来的动作，目的是要将杂质或受潮结球的颗粒打散，若是省略了这个动作，容易使面糊在搅打过程中产生颗粒，烘焙出来的蛋糕口感就没那么细致了。

秘诀3 蛋清和细砂糖要打至湿性发泡

奶酪蛋糕的材料中若有使用到蛋清和细砂糖的时候，一定要先将这二者一起搅打至湿性发泡且细致光滑、无颗粒状，这样烘焙出来的蛋糕组织会较为绵密细致。

秘诀4 隔水或隔冰水低温蒸烤

许多奶酪蛋糕蒸烤不成功，就在于温度的掌控不对，所以掌握住正确的蒸烤温度是很重要的一件事情。一定不能让下层烤箱的温度过高，否则蒸烤出来的奶酪蛋糕容易造成表面凸出破裂或蒸烤不完全的窘态，因此，我们必须在奶酪模放入烤盘中时，再于烤盘中倒入冷水或冰水可以稍加降温，烘焙效果最佳。

成功做出美味奶酪蛋糕的Q&A

从别人失败的例子中汲取经验，不要再重蹈覆辙地犯下同样的错误，既可以为自己省下时间又可以免除吃尽苦头的痛苦，现在，就一起来看看初学者最容易产生疑惑的地方吧！

❓ Q1: 为何奶酪蛋糕会呈现出表面焦而里层却不熟的情况呢？

❗ 温度的掌控很重要，若因蒸烤的温度不对，假设下层烤箱温度过高，造成蛋糕面不透气，就容易出现焦内不熟的情况，最好采低温长时间的蒸烤方式，在烤盘里放入冷水或冰水就是降低烤箱温度最好的方式，也是维持奶酪蛋糕好口味的一种方式。

❓ Q2: 如何将奶酪蛋糕漂亮脱模？

❗ 首先要在蛋糕模里面刷上一层薄油，再倒入面糊，放入烤箱蒸烤完成后，可别一出炉就急着脱模，此时，先让蒸烤好的奶酪蛋糕放在一旁冷却，再送入冰箱中冷藏，食用前再取出脱模，这点与一般海绵蛋糕不同，一定要记得。脱模的时候，再使用刮刀沿着模型边缘刮一圈，再倒扣，就能漂亮地取出蛋糕了。

❓ Q3: 若无多余的时间，是否有最省力的奶酪蛋糕中的底层呢？

❗ 通常奶酪蛋糕中的底层饼干是利用苏打饼干压碎后再和糖粉、无盐黄油混合拌匀而成的，但如果真的不想那么麻烦把饼干压碎，可以买现成的饼干屑代替，不过同样需要和糖粉、无盐黄油一起混拌均匀，这样底层饼干才有办法黏结，才不会出现一咬到奶酪蛋糕就让底层饼干四处掉饼干屑的状况。

奶酪蛋糕的灵魂材料

　　奶酪蛋糕要好吃，选对材料很重要，千万别误以为只要是奶酪都可以拿来做奶酪蛋糕喔！奶酪的种类多到令人眼花缭乱，不过，本书只使用3种奶酪，就可以让你变化出不同口味的奶酪蛋糕。

卡特基奶酪
Cottage Cheese

属于低脂奶酪，适合不想让卡路里升高的人享用，它的外表呈现出纯白的颜色，也略带有湿润的凝乳状，风味较为温和，也没有较为强烈的气味。通常会拿来做为制作奶酪蛋糕的材料，也可以搭配着沙拉或是蔬果一起吃。

奶油奶酪
Cream Cheese

奶油奶酪是在牛乳中加入鲜奶油一起混合所制成的，最常用于制作奶酪蛋糕等甜点，它的质地较为柔软滑润并呈现出膏状，具有浓厚的奶油味，除了拿来制作奶酪蛋糕，也可以拿来做为开胃菜或酱汁使用。

丽可塔奶酪
Ricotta Cheese

是以乳清做成的奶酪，它的口感类似卡特基奶酪，呈现出白色的颜色，其质地细致柔软并略带点甜味，使用于糕点的制作，也可以加入细砂糖、果酱与水果一起食用。

奶酪分为干酪和湿酪两类

干酪依制造方式可区分——以软硬度来分、以熟成度来分，或以熟成的菌种来分。软硬度指的是含水分的多寡，通常分作含水量最高的超软质，然后逐渐是软质、半软质、半硬质、硬质以及超硬质奶酪。干酪可直接吃或沾酱，风味较浓郁。

奶酪蛋糕是用湿酪做的，为新鲜奶酪，其特征是柔软，颜色白或接近白色。新鲜奶酪的取得是将乳汁发酵取得凝乳，沥干水分稍加定型后，不经过熟成而直接食用。这类奶酪含水量高，带酸味，口感清爽。因为味道不会太重，所以较容易被接受。我们常拿来做蛋糕的奶油奶酪、麦斯卡波内奶酪，还有当作前菜、色拉的马自拉奶酪，常被用来代替优格的法国白奶酪，以及调味的宝生奶酪等皆属此类。

以卡夫的菲力奶油奶酪最适合用来做奶酪蛋糕，其质地柔软细腻，风味独特，是做蛋糕必备的要件。

不论哪一种奶酪，一旦到了最适当的成熟度就赶快食用，因为那是奶酪质量达到高峰、也是最美味的时候，过了这个高点质量就开始走下坡了。而已经开封的奶酪要小心保存，因为奶酪每天都会继续成熟，不应该任意曝露在高温、干燥的环境中，或受日光直接照射。最好是放置在适当的温度和湿度中，也就是10℃左右、湿度80％的阴凉场所，在一般家庭中大概只有冰箱比较符合这个理想的储藏环境。

细腻的幸福感
戚风蛋糕(8寸)

吃腻了带有各种水果、奶油、坚果、巧克力等食材装饰的蛋糕，那就让口味回归到简单吧！戚风蛋糕，没有任何修饰，保持着最原始面貌，其味道也保持着蛋糕的单一醇香，没有奶油的腻甜，口感更是绵软细腻。想要吃到蛋糕原始的美味，还得尝尝戚风蛋糕。

材料 Ingredient

A:
蛋黄	60克
细砂糖	50克
盐	1克
色拉油	50克
牛奶	70毫升
低筋面粉	100克
发粉	4克

B:
蛋清	120克
塔塔粉	0.5克
细砂糖	60克

做法Recipe

1. 用打蛋器将蛋黄打成蛋液后，加入材料A中的细砂糖、盐一起打至发白。

2. 在做法1的材料中加入色拉油、牛奶一起拌匀。

3. 将过筛后的低筋面粉、发粉加入做法2中，用打蛋器轻轻拌匀备用。

4. 蛋清加入塔塔粉后，用电动打蛋器以中速拌打至颜色发白的小气泡，再将材料B中的细砂糖分2次加入搅打至湿性偏干性发泡即可。

5. 取1/3做法4的材料与做法3的材料拌匀后，再取剩下2/3做法4的材料一起搅拌。

6. 将做法5的面糊倒入8寸圆型烤模中，放入烤箱下层，以上下火180℃烤约35分钟。

7. 将刚烘焙好的蛋糕体取出，倒放在凉架上等待变凉。

8. 用抹刀沿着烤模边缘划绕一圈，让蛋糕体离模。

9. 将烤模倒扣在凉架上，再用抹刀沿着蛋糕底盘划绕一圈即可。

香草的美好滋味
香草戚风蛋糕

　　戚风原意为"chiffon"，是一种雪纺薄纱的面料。而戚风蛋糕因为其质感轻柔绵软而得此美名。戚风蛋糕与众不同的特点在于先将面粉与蛋黄混合，而且配合液体色拉油，赋予了其与海绵蛋糕不同的轻柔口感。再加入香草精，香草戚风蛋糕的美味大幅提升。爱香草味的吃货又怎能错过呢。

材料 Ingredient

蛋清	210克
蛋黄	105克
细砂糖	150克
牛奶	125毫升
色拉油	95克
香草精	5克
低筋面粉	145克
泡打粉	2克
盐	2克
塔塔粉	2克

做法Recipe

1. 钢盆内倒入牛奶、色拉油与香草精后拌匀。

2. 加入盐与过筛后的低筋面粉及泡打粉，再搅拌均匀。

3. 加入蛋黄，搅拌均匀备用。

4. 蛋清加入塔塔粉用电动搅拌器，拌打至起泡后，分两次加入细砂糖，并用中速拌打至呈光泽状干性发泡即可。

5. 从做法4中取1/3的蛋清量，加入做法4中混合均匀后，再加入剩余的蛋清并用刮刀拌合。

6. 将做法5的面糊倒入8寸圆型烤模中，放进烤箱以上火200℃、下火150℃烘焙30～35分钟。

7. 将烤好的蛋糕体连同烤模取出，并倒扣于凉架待凉。

8. 用抹刀沿着烤模边缘划绕一圈，让蛋糕体离模。

9. 再用抹刀划开蛋糕与底盘的接触面，即可顺利取出蛋糕。

小贴士 Tips

➕ 在进行做法4时，若家中没有电动搅拌器，只能使用手动方式将蛋清打发时，则建议拌打过程中力道与速度的控制应尽量一致，否则可能会拉长蛋清的打发时间，以致蛋清温度升高而影响蛋糕质量。

巧克力瑞士卷

巧克力瑞士卷是一种海绵蛋糕。面粉、蛋黄、巧克力奶油霜、牛奶……材料经过人的创造力，变成薄薄的蛋糕，最终卷成卷状。再添加一些可可粉，形成外形优雅、质地松软的海绵卷蛋糕。浓郁的巧克力香，带点味苦，跟意式巧克力有异曲同工之妙，让吃货们爱不释手。

材料 Ingredient

A:
可可粉	62克
热水	187毫升

B:
色拉油	149克
蛋黄	156克
牛奶	87毫升
细砂糖	311克
盐	6克
热水	187毫升

C:
低筋面粉	311克
泡打粉	3克
小苏打	8克

D:
蛋清	311克
塔塔粉	2克
细砂糖	206克

E:
巧克力奶油霜	适量

做法 Recipe

1. 将材料A中的可可粉过筛，与热水拌匀备用。

2. 将材料B搅拌均匀至无颗粒状，再加入做法1一起拌匀，再加入已过筛的材料C粉类，拌至光滑细致且有流动。

3. 将材料D打至干发泡，先取一些做法2面糊一起拌匀，再全部倒入做法2中拌至均匀即为巧克力口味戚风面糊。

4. 将做法3完成的巧克力戚风面糊取适量倒入烤盘中，抹平表面，放入烤箱烘焙，以上火190℃、下火150℃烘焙约25分钟，烤至表面摸起来有弹性。

5. 取出做法4，待凉后抹上巧克力奶油霜，卷起切小片即可。

巧克力奶油霜

材料：奶油100克，果糖150克，巧克力酱30克

做法：将奶油、果糖放入搅拌缸中，用浆状搅拌器拌打至体积变大，颜色变白后，再加入巧克力酱继续拌匀即可。
（见图①~⑦）

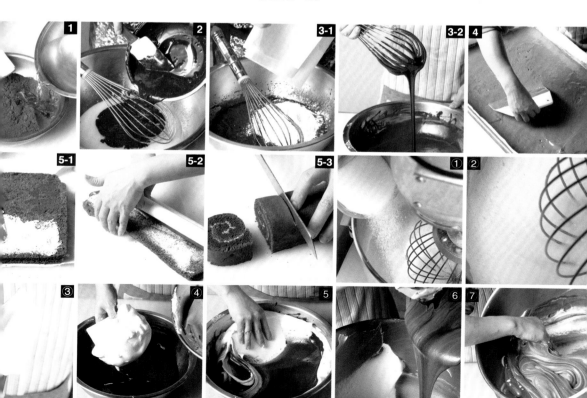

独享甜蜜时光
蜂蜜戚风蛋糕

　　戚风蛋糕有很多做法，而蜂蜜戚风蛋糕是其中的一种简单做法，方法依旧，只需添加点美容养颜圣品蜂蜜，美味升级。香软可口的蛋糕，口感更细腻，甜甜的味道，时光真美好。闲来无事时，给自己做一个简单的蜂蜜戚风蛋糕，泡一杯茶或咖啡，读一本书，独享自己的甜蜜时光。

材料 Ingredient

全蛋	1153克
细砂糖	404克
麦芽糖	58克
蜂蜜	115克
盐	6克
高筋面粉	192克
低筋面粉	385克
乳化剂	55克
牛奶	216毫升
色拉油	216克

做法Recipe

1. 在烤盘下放入7张白报纸，裁成烤盘大小，放入烤盘中铺平备用，以防止烤焦，将铺好白报纸的木框放入烤盘上。低筋面粉、奶粉过筛2次以上；乳化剂沾粉；备用。

2. 牛奶及色拉油拌匀后放入冷藏备用。

3. 将全蛋、细砂糖、麦芽糖、蜂蜜、盐倒入搅拌缸中。

4. 用球状搅拌器先用高速将做法3打至变白后，改用中速继续搅拌，搅拌至面糊拉起来是急流状，但滴下的地方是慢慢地散开，稠状且有流动；再将做法1的低筋面粉、奶粉、乳化剂倒入。

5. 先用慢速搅拌两三下，再转中速搅拌至光亮且细致即可，再将做法2的牛奶、色拉油分次加入，拌至光亮且细致。

6. 取出用刮板略拌一下，看看底部是否有不均匀的地方，如有可用刮板再拌匀即可。

7. 倒入木框中，抹平后放入烤箱，温度上火200℃、下火160℃，烤约25分钟至表面上色，取出。

8. 用刀子将面糊四周割开，表面先盖上一张烘焙纸，再加盖一个烤盘，续烤25～30分钟至熟即可。

9. 出炉后用刀子将蛋糕与白报纸割分开，取出木框，将白报纸慢慢撕开，蛋糕移至出炉架上放凉即可。

备注：木框包法请见P226。

小贴士 Tips

➕ 做法1乳化剂粘粉可以避免搅拌时黏住搅拌器，造成拌打不匀。

清新的秘密

抹茶戚风蛋糕

抹茶戚风蛋糕就是加了抹茶粉，按照个人口味添加了一些材料，口味就会变得与众不同，营养更丰富。同时，赋予了蛋糕柔软细腻的口感，更有一种特别的香气，十分美味。清新细腻的口感，很适合在炎热的夏日品尝。搭配茶、咖啡或其他饮料，跟随个人口味喜好。清新的秘密，就这么简单。

材料 Ingredient

热水	85毫升
抹茶粉	10克
色拉油	90毫升
低筋面粉	100克
泡打粉	2克
盐	2克
蛋黄	138克
蛋清	275克
细砂糖	150克

做法Recipe

1. 将热水倒入抹茶粉中搅拌均匀，然后加入色拉油拌匀。

2. 做法1中再加入过筛后的低筋面粉、泡打粉、盐拌匀后，再将蛋黄加入拌匀备用。

3. 将蛋清用电动搅拌器打发至起泡，分两次加入细砂糖，并用中速打至呈光泽状干性发泡即可。

4. 从做法3中先取1/3的蛋清量与做法2拌合后，再将剩余的蛋清加入并用刮刀拌匀。

5. 将做法4倒入长方形烤模中，放入烤箱以上火190℃、下火150℃烘焙30分钟后，取出待凉。

黑色诱惑

金字塔蛋糕

　　融入可可粉、巧克力的棕色柔软蛋糕与口感丝滑的白色奶油相间，一层蛋糕一层奶油，外层再添加上一层色泽光亮、丝滑的黑色巧克力，简直就是黑色诱惑，诱惑着人的舌尖开始迷失。爱自己，给自己制作一个金字塔蛋糕，犒劳一下好好生活的自己。

材料 Ingredient

A:
色拉油	59克
可可粉	44克

B:
全蛋	622克
蛋黄	30克
细砂糖	504克

C:
低筋面粉	297克
小苏打	3克

D:
牛奶	77毫升
巧克力奶油霜	100克
巧克力淋酱	200克
装饰用巧克力	10片

做法 Recipe

1. 将材料A的色拉油加热至85℃左右，加入已过筛的可可粉拌匀。将材料B倒入搅拌缸中，用球状搅拌器以高速快速搅拌，拌至浓稠状，再转中速使蛋糊稳定且光滑细致。

2. 将材料C过筛两次以上，倒入做法1中拌至均匀，再加入牛奶拌匀。

3. 将做法2倒入模型中，抹平表面，入烤箱烘焙，以上火190℃、下火150℃烘焙约25分钟，烤至表面摸起来有弹性。

4. 取出做法3，待凉后将蛋糕切成四片，中间抹上奶油霜，再将蛋糕层层重叠，对切成两个三角形，将两个三角形合并成金字塔状，边缘抹上一层奶油霜，入冷冻库冰冻一下再取出，最后淋上巧克力淋酱。

5. 做法4切成10等份，装饰上巧克力片即可。

备注：巧克力奶油霜做法请见P67。

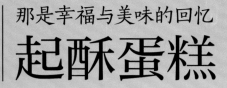

那是幸福与美味的回忆

起酥蛋糕

　　湿软香绵的蛋糕外面包裹着层层酥皮，刷上香浓的蛋液，这就是起酥蛋糕。一款香甜可口、老少皆宜的甜点。在许多人的记忆中代表着幸福与美味。酥软咸甜交织的口感，迅速征服众人的心。起酥皮和蛋糕体该分别细细品味。起酥蛋糕热量较高，三高人群不宜多食。

材料 Ingredient

蜂蜜戚风蛋糕 1条
（做法请见P68）
起酥皮　　　　1片
蛋液　　　　　适量

做法 Recipe

1. 市售起酥皮1片，约长40厘米、宽约30厘米，铺平在桌面上。

2. 将已烤好的蜂蜜戚风蛋糕放在起酥皮上，卷起、四角向里折起。

3. 做法2四周表面均匀刷上蛋液。

4. 再用叉子在做法3起酥皮上三面扎洞，使表面烘焙时不会膨胀，放入烤箱用上火210℃、下火170℃烤至表面上色后，再将上火降至170℃烤至干酥即可。

小贴士 Tips

⊕ 蛋液要先过筛再涂于表面，如没有过筛烤出来的产品颜色会不均匀。

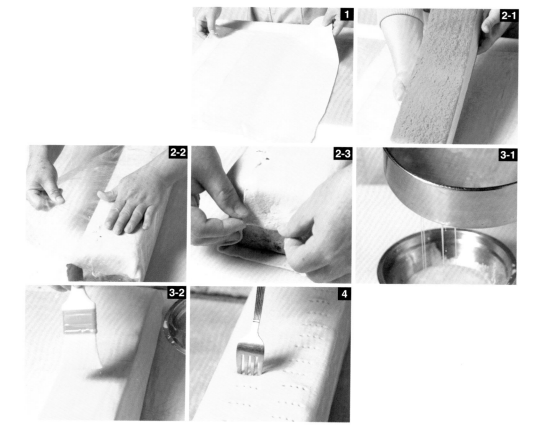

经典的滋味
海绵蛋糕

　　海绵蛋糕虽然不如戚风蛋糕细腻松软，但却别具一番风味。海绵蛋糕制作法是将全蛋充分打发，借助气泡中的空气在烤箱中受热膨胀而成。因此海绵蛋糕的组织比戚风蛋糕结实，可以承受较大的重量而不塌陷，所以很适合用来制作慕斯或者大型裱花蛋糕。爱吃蛋糕的人肯定知道这就是蛋糕的经典滋味。

材料 Ingredient

A:
全蛋　　　　492克
细砂糖　　　251克
B:
低筋面粉　　209克
香草粉　　　2克
C:
全脂鲜奶　　63毫升
色拉油　　　73毫升

做法 Recipe

1. 混合低筋面粉与香草粉，过筛2次，备用。

2. 材料A放入搅拌缸中以高速搅拌，至蛋液体积变大、颜色变白、有明显纹路。转至中速继续搅打，至发泡的蛋液以橡皮刮刀拉起时，2~3秒滴落1次。

3. 将做法1的粉类加入做法2中，拌匀成面糊。

4. 材料C混合拌匀，再加入少许做法3面糊拌匀，使其浓稠度相近。

5. 将做法4和做法3剩余的面糊搅拌均匀。

6. 取2个8寸蛋糕烤模，将做法5的面糊倒入蛋糕烤模中6~7分满。轻敲烤模，让面糊内气泡浮起释出，放入烤箱中，以上火180℃、下火160℃烘焙。

7. 烘焙20~25分钟时，烤箱内蛋糕体积高度会膨胀到最高点，这表示蛋糕体已接近烤熟的状态。

8. 继续烘焙15~20分钟，蛋糕体积膨胀高度会逐渐下降，蛋糕表面周围会有细小皱折，这时可以打开烤箱，轻拍蛋糕中心，若是蓬松有弹性就表示蛋糕已经烤熟；反之，则继续烘焙至熟。

9. 取出烤熟的蛋糕，立刻倒扣，以防蛋糕遇冷收缩。待蛋糕稍微冷却不烫手后，即可利用双手沿着模型边缘向下快速轻压蛋糕体，使蛋糕与烤模脱离。将蛋糕烤模底盘向上推出，剥开蛋糕底部即可。

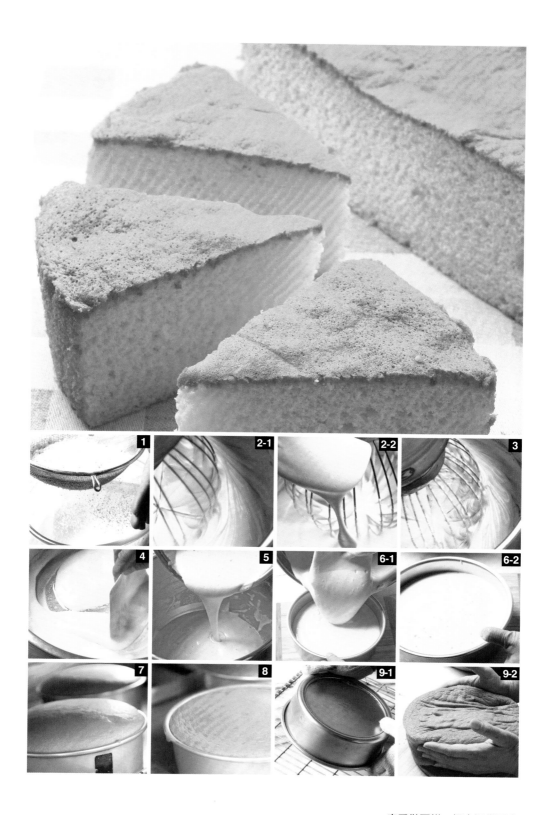

巧克力海绵蛋糕

原本香软可口的蛋糕加入可可粉后，其口味带点微苦。俗话说得好，吃得苦中苦，方为人上人。正因为微苦才更懂得甜蜜的滋味。可可粉的醇香与微苦，让这款巧克力蛋糕别具风味。绝对的"惊奇"口感，让吃货停不下来。爱吃，那就多吃点。

材料 Ingredient

A:
全蛋	682克
细砂糖	310克

B:
低筋面粉	248克
小苏打粉	5克

C:
全脂鲜奶	100毫升

D:
色拉油	55毫升
可可粉	100克

做法 Recipe

1. 材料D的色拉油以中火加热至有油纹，倒入过筛的可可粉拌匀成热可可油备用。

2. 材料A放入搅拌缸中以高速搅拌，至蛋液体积变大、颜色变白、有明显纹路，转中速继续拌，打至发泡的蛋液以橡皮刮刀拉起时，2~3秒滴落1次。

3. 材料B过筛2次，加入做法2的蛋液中拌匀成面糊，备用。

4. 取部分做法3的面糊和做法1的热可可油混合均匀，使其浓稠度相近，再倒入剩余的做法3面糊中拌匀。

5. 于做法4拌匀的面糊中加入全脂鲜奶搅拌均匀。

6. 将大小约40×60厘米的平盘铺上白报纸，倒入做法5的面糊且轻敲烤盘，让面糊中的气泡浮起释出，再抹平面糊表面，放入烤箱，以上火190℃、下火140℃烘焙，烘焙15~20分钟，至轻拍蛋糕表面蓬松有弹性即可出炉，置于凉架上待凉即可。

当舌尖爱上肉松
肉松蛋糕卷

　　肉松蛋糕卷是一道以鸡蛋、面粉、肉松、牛奶等原料组合而成的口感鲜美香甜的西点。这款蛋糕很清淡，因为它加入了一点点肉松和香葱，吃起来香而不腻。唯一需要吃货们注意的是，因为肉松散在表面，如温度控制得不好就容易烤焦而影响了口味。

材料 Ingredient

A:
全蛋	783克
细砂糖	400克

B:
低筋面粉	300克
玉米粉	33克

C:
全脂鲜奶	167毫升
色拉油	117毫升

D:
葱花	100克
肉松	100克

E:
美奶滋	适量

做法 Recipe

1. 将材料A的全蛋及细砂糖放入搅拌缸中，以高速拌打至蛋液体积变大、颜色变白、有明显纹路，再转至中速拌打至以橡皮刮刀拉起发泡的蛋液时，发泡的蛋液2~3秒滴落1次。材料B一起过筛2次，加入搅拌缸中拌匀成面糊。

2. 材料C混合均匀，取少许做法1的面糊加入拌匀，使其浓稠度相近，再倒入剩余的做法2面糊中拌匀。

3. 将大小约40×60厘米的平盘铺上白报纸，倒入做法2的面糊后抹平面糊表面，均匀地撒上葱花和肉松，再轻敲烤盘让面糊中的气泡浮起释出。

4. 将做法3的烤盘放入烤箱，以上火190℃、下火140℃烘焙，烘焙约35分钟，至轻拍蛋糕表面蓬松有弹性即可出炉，置于凉架上待凉。

5. 做法4蛋糕放凉后，翻面均匀地抹上美奶滋，再卷成圆筒状即可。

可可与咖啡的"比翼双飞"

摩卡蛋糕卷

当可可粉邂逅咖啡粉就成了摩卡。混入了可可粉与咖啡粉的蛋糕，让原本带点甜腻口感的奶油，变得不再那么腻，略微带点苦味，让蛋糕口味更棒，每一口都在松软中保留一点点充满弹性的神秘口感。这就是一场可可与咖啡的"比翼双飞"神话。

材料 Ingredient

A:
全蛋	812克
细砂糖	414克

B:
低筋面粉	345克
可可粉	17克

C:
全脂鲜奶	104毫升
速溶咖啡	4克
色拉油	121毫升

D:
咖啡奶油霜	适量

做法Recipe

1. 材料A放入搅拌缸中以高速搅拌，至蛋液体积变大、颜色变白、有明显纹路，转至中速继续拌打至发泡的蛋液以橡皮刮刀拉起时，2~3秒滴落1次。

2. 低筋面粉和可可粉一起过筛2次，加入做法1搅拌缸中拌匀成面糊，备用。

3. 材料C全脂鲜奶加热，倒入其余材料C混合均匀，再加入部分做法2的面糊拌匀，使其浓稠度相近，再倒入剩余的做法2面糊中拌匀，备用。

4. 取一大小约40×60厘米的平盘，铺上白报纸，倒入做法3的面糊，抹平表面后轻敲平盘，让面糊内的气泡浮起释出，放入烤箱中以上火190℃、下火140℃烘焙，烘焙25~30分钟，至轻拍蛋糕表面膨松有弹性即可出炉，置于凉架上待凉。

5. 蛋糕体冷却后撕去白报纸，并剥去蛋糕体烘焙表面的外皮，均匀地涂上适量的咖啡奶油霜，再卷成圆筒状即可。

厚重的美味
原味磅蛋糕

原味磅蛋糕又称为重黄油磅蛋糕，它以1∶1的面粉与油脂为配方，添加大剂量油脂的主要功效在于搅拌时拌入大量空气，使面糊烘焙时受热产生膨胀，并使蛋糕的组织更加柔软细腻。由于它拥有扎实的口感，很适合切成薄薄的小块，就着咖啡或红茶食用。

材料 Ingredient

黄油	200克
细砂糖	200克
盐	1克
全蛋	200克
低筋面粉	280克
发粉	4克
牛奶	80毫升

做法Recipe

1. 黄油中加入细砂糖和盐后，使用电动打蛋器一起打发。

2. 全蛋打散成蛋液后，分2~3次加入做法1中搅打。

3. 加入过筛后的低筋面粉、发粉一起拌匀。

4. 视面糊的软硬度，慢慢加入牛奶拌匀。

5. 将做法4的面糊倒入铺有烘焙纸的长型烤模中，放入烤箱下层以180℃烤约30分钟。

6. 将烘焙好的蛋糕体连同模型取出，在一端将烘焙纸慢慢拉起。

7. 再拉起另一端的烘焙纸，直到蛋糕体可完全脱模取出。

小贴士 Tips

⊕ 配方的鸡蛋液要一点点地加，等面糊充分吸收后再加下一次，不然会蛋油分离，容易失败；另外低筋面粉一定要多过筛几次，才能让组织细腻。

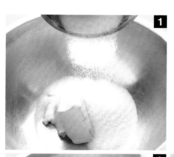

与美味相遇的醇厚

大理石磅蛋糕

有人喜欢轻柔松软的戚风蛋糕，也有人无比爱这种密实醇厚的磅蛋糕的质感。可以将石磅蛋糕做出不单调的款式，可以通过加入多样的食材，比如巧克力、各种风味酒、糖浸果干、鲜奶油和山核桃等，让磅蛋糕款式与口味变幻莫测。大理石磅蛋糕，因可可粉的加入，香醇浓郁，不爱吃甜食的人也会迷恋上。

材料 Ingredient

A:
黄油	190克
白油	80克

B:
低筋面粉	285克
泡打粉	5克

C:
鸡蛋	5个
糖粉	265克

D:
鲜奶	45毫升

E:
可可粉	3克
苏打粉	1克
温开水	9毫升

做法Recipe

1. 材料A搅拌均匀，加入已过筛的材料B搅拌至呈乳白色；糖粉过筛与其余材料C搅拌均匀，隔水加热至约30℃时再加入鲜奶搅拌均匀，备用。

2. 将所有做法1材料搅拌均匀至面糊呈光滑无颗粒状，此即黄油面糊；材料E搅拌均匀，取170克黄油面糊倒入一起搅拌均匀，即为巧克力面糊，备用。

3. 于长方烤模中，以倒入一层黄油面糊、一层巧克力面糊的方式，倒至6~7分满时，抹平后取长竹签插入面糊中划出纹路。

4. 将做法3的烤模送进已预热的烤箱，以上火170℃、下火170℃烘焙35~40分钟即可。

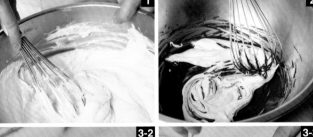

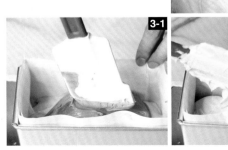

那些坚果的温柔
软式布朗尼

开心果、榛果、松子、杏仁等坚果散落在松软的巧克力蛋糕里，浓香丝滑的巧克力与醇香有嚼劲的坚果，交织出一种难以忘怀的美味，这就是坚果软式布朗尼，没有那么软，也没有那么硬，软硬度恰到好处。

材料 Ingredient

杏仁TPT粉	365克
糖粉	435克
全蛋液	521克
牛奶	391毫升
黄油	470克
低筋面粉	470克
可可粉	94克
小苏打粉	10克
巧克力豆	183克
杏仁果	78克
榛果	104克
松子	78克
开心果	50克

做法 Recipe

1. 将杏仁果、榛果、松子、开心果分别放入烤盘中，以上火150℃、下火150℃烘焙约15分钟，至表面干酥备用。

2. 将糖粉、杏仁TPT粉混合一起过筛备用。

3. 将低筋面粉、可可粉与小苏打粉混合一起过筛备用。

4. 黄油切片，以隔水加热方式使其充分融化备用。

5. 将做法2放入搅拌缸中，分次加入全蛋液以中速搅拌至完全均匀且湿软，再倒入做法3粉料。

6. 将做法5续以中速搅拌均匀后，加入做法4的黄油拌匀，再加入牛奶拌匀，最后加入巧克力豆稍微拌匀成面糊。

7. 将做法6的面糊倒入铺好烤盘纸的椭圆烤盘中抹平，均匀撒上做法1的材料，移入预热好的烤箱，以上火180℃、下火180℃烘焙约40分钟即可。

那是香甜的幸福
原味马芬

　　马芬蛋糕制作过程非常简单，可以说它是一款零失误率的蛋糕。这款蛋糕没有海绵蛋糕的柔软没有饼干的酥脆，因为在制作的时候，加入了牛奶，使得蛋糕非常湿润。虽然原味马芬没有其他佐料的陪伴，但原汁原味也是另一种美味，香甜一样溢满心扉，这就是一种让人无法拒绝的香甜幸福。

材料 Ingredient

黄油	133克
糖粉	146克
盐	2克
全蛋液	194克
低筋面粉	243克
泡打粉	6克
牛奶	36毫升

做法Recipe

1. 将黄油切片于室温软化后，放入搅拌缸中，加入一起过筛好的糖粉和盐以慢速搅拌至颜色变白、体积变大且呈绒毛状。

2. 将全蛋液分次加入做法1中，拌匀至完全吸收。

3. 将低筋面粉和泡打粉一起过筛后加入做法2中，以慢速搅拌成无粉状后改中速搅拌至均匀，再加入牛奶拌匀成面糊。

4. 将做法3装入挤花袋中，挤入马芬纸模至八分满，放入预热好的烤箱，以上火190℃、下火170℃烘焙约25分钟后取出即可。

小贴士 Tips

⊕ 糖油拌合法就是先将糖粉与黄油搅拌均匀至松发，再依序加入其他材料的做法。面糊看起来光滑柔亮，膨胀也最高，因此马芬口味细腻。

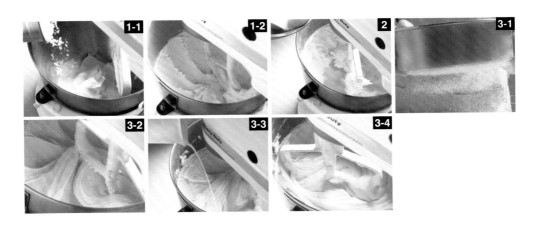

苹果布朗尼

怎么爱你都不嫌多

布朗尼的口感是介于饼干和蛋糕之间，它有着蛋糕般绵软的内心和巧克力曲奇松脆的外表。布朗尼蛋糕是一种重油蛋糕。它与一般重油蛋糕的区别在于通常较薄且较结实，并且不像普通蛋糕那样松软的，同时一定是巧克力口味，上面还会放杏仁或核桃作装饰及调味，通常比较甜。而我们这款苹果布朗尼放的是苹果，可以中和一下巧克力布朗尼的甜腻感，让其吃起来有种清爽的口感。

材料 Ingredient

黄油	880克
细砂糖	1199克
全蛋	960克
苦甜巧克力	681克
低筋面粉	320克
可可粉	125克
杏仁粉	150克
苹果	800克
糖粉	少许

做法 Recipe

1. 苹果洗净，去核切小片，备用。

2. 苦甜巧克力切碎后放入小锅中，以隔水加热方式使其充分融化，将外锅水温维持在约50℃保温备用。

3. 将低筋面粉、可可粉与杏仁粉混合一起过筛备用。

4. 黄油放于室温中软化后，与细砂糖一起放入搅拌缸中以慢速搅拌至微发，分次加入全蛋以中速搅拌至完全均匀，再倒入做法3的粉料。

5. 将做法4续以中速搅拌均匀后，慢慢加入做法2的融化巧克力拌匀。

6. 最后加入做法1的苹果片稍微拌匀，倒入铺好烤盘纸的水果条模型中抹平，移入预热好的烤箱，以上火190℃、下火180℃烘焙约40分钟。

7. 食用前在表面放上苹果片（分量外），并撒上少许糖粉装饰即可。

好吃停不下来

重奶酪蛋糕(8寸)

　　重奶酪蛋糕是一种奶酪蛋糕，是一种西方甜点。它有着柔软的上层，混合了特殊的奶酪。不加修饰的经典重奶酪蛋糕简单，浓厚而不腻嘴，却自有一番诱人风味，搭配一杯咖啡最适合不过了。

材料 Ingredient

材料	用量
奶油奶酪	750克
细砂糖	160克
蛋黄	4个
蛋清	4个
海绵蛋糕	8寸切1片
（约1厘米厚度）	

做法Recipe

1. 将奶油奶酪放室温软化后，加入80克细砂糖搅打至变软，再加入蛋黄拌匀至无颗粒状，备用。

2. 将蛋清及剩余的80克细砂糖一起打发至湿性发泡。

3. 将做法2材料倒入做法1中拌匀，即为奶酪面糊。

4. 取一个8寸奶酪模，先在模内涂抹上一层薄油（材料外）。

5. 先将厚约1厘米的香草海绵蛋糕铺于做法4的8寸奶酪模型底层。

6. 于做法5中倒入奶酪面糊至8分满并以抹刀整形。

7. 再把奶酪模放在铺有冷水的烤盘上面，以上火200℃、下火150℃烤约30分钟上色后，转上火至150℃再续烤90分钟。

8. 取出做法7的重奶酪蛋糕，待凉后放入冰箱冷冻至冰硬，取出脱模即可。

备注：海绵蛋糕做法请见P74。

小贴士 Tips

➕ 奶酪蛋糕刚出炉时比较脆弱，此时不要急于脱模，放冰箱冷藏4个小时以后再脱模并切块食用，效果更佳。

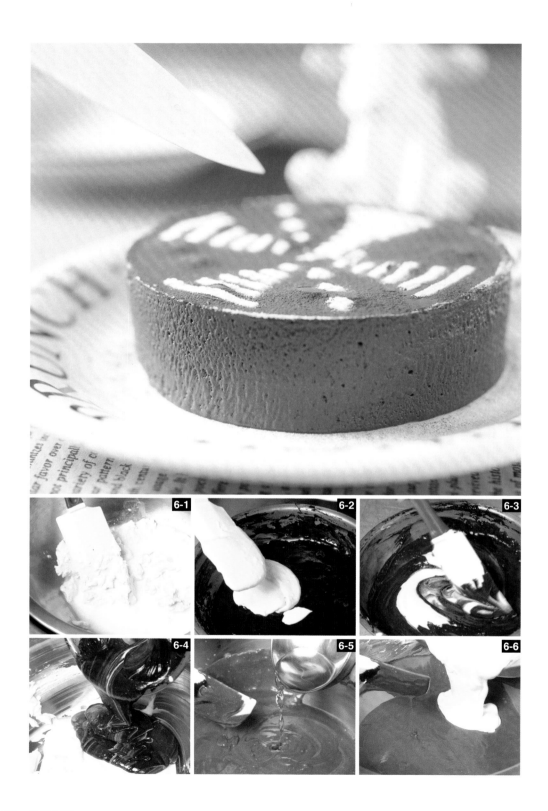

就这样被你征服
巧克力奶酪蛋糕

　　每个女人的背后都有一个与巧克力有关的浪漫故事。味苦的巧克力反而会让人感觉甜蜜，这就是它非一般的魔力。这款巧克力奶酪蛋糕，浓浓的奶酪香味配上丝滑醇香微苦的巧克力，简直是完美组合。没有那么甜腻，一切刚刚好。

蛋糕体材料

低筋面粉	124克
糖粉	124克
黄油	62克
奶油奶酪	62克
盐	3克
全蛋	62克

慕斯馅

动物性鲜奶油	349克
蛋黄	40克
苦甜巧克力	233克
咖啡酒	22克

慕斯馅做法见图
（6-1 ~ 6-6）

做法Recipe

1. 取一钢盆，将面粉、糖粉、黄油、奶油奶酪、盐一起搅拌，至体积膨胀变3倍大、颜色变白且呈浓稠状。

2. 蛋打散，分次加入至做法1中，拌至奶酪糊呈现光滑细致状态，再慢慢倒入6寸烤模中。

3. 将做法2放入烤箱中，以温度上火180℃、下火180℃烤35~40分钟至熟（即摸起来有弹）即为蛋糕体。

4. 先将216克的动物性鲜奶油打至6分发，巧克力切成细碎备用。

5. 准备6寸烤模模型，将蛋糕体切成高1厘米，但边缘比6寸小1厘米的圆形，再放入模型中备用。

6. 将133克的鲜奶油煮至80℃左右，加入做法4的巧克力碎，用刮刀轻拌至融化后，再加入蛋黄拌至光滑细致，再将做法4的动物性鲜奶油加入拌匀，最后加入咖啡酒一起拌匀，即为慕斯馅。

7. 将慕斯馅倒入做法5的模型中以刮刀抹平后，放入冷冻库中，以-18℃冻藏约30分钟即可。

春天的味道
日式和风奶酪

日式和风奶酪外形美观，搭配娇艳欲滴的水果切片，令人垂涎三尺。日式和风奶酪比一般蛋糕扎实，但质地绵软，口感湿润丝滑，绝不会辜负吃货们的厚爱。

材料 Ingredient

奶油奶酪	400克
酸奶	80克
蛋清	3个
细砂糖	100克
动物性鲜奶油	170克
甜派皮	8寸2个
（做法见P116）	

做法Recipe

1. 将奶油奶酪以隔水加热的方式转小火煮软后，加入酸奶拌匀备用。

2. 将蛋清、细砂糖一起打发至湿性发泡，倒入做法1中拌匀。

3. 动物性鲜奶油打发后，加入做法2中拌匀，即为奶酪面糊。

4. 取派模并在模内涂抹上一层薄油后，先将甜派皮戳出数个细洞后，铺于派模的底层，放入烤箱内以上火180℃、下火180℃烤约15分钟至半熟。

5. 于做法4的甜派皮上倒入奶酪面糊约派模的8分满。

6. 将适量的冷水倒入在烤盘后，把做法5放在烤盘上面送入已预热的烤箱中，以上火160℃、下火180℃烤约35分钟即可。

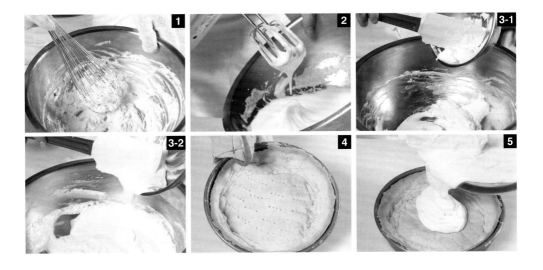

小女孩的粉色王国
红莓巧克力慕斯

透明杯里映出红、白两色慕斯，底层加入颜色分明的清新水果做装饰，从视觉上抢先俘获了食客的心。红莓巧克力慕斯是爱情的守护者，那醇香浓厚的口感总是带有不离不弃的情感，传统的巧克力加上甜蜜的慕斯就像是一对热恋的情人，可以无条件为对方付出但是又含蓄地隐藏自己的一片深情！正是这款款深情才创造出这难以忘怀的滋味！这就是小女孩的粉色王国，带着纯真浪漫。

材料 Ingredient

红莓巧克力慕斯面糊 适量
奶酪慕斯面糊　　　适量
海绵蛋糕　　　　　适量
（做法见P74）
红莓　　　　　　　适量
小蓝莓　　　　　　适量
薄荷叶　　　　　　适量

做法Recipe

1. 先将红莓巧克力慕斯面糊倒入玻璃杯内，约至4分满的高度。
2. 再将海绵蛋糕切薄片放入做法1中，放进冰箱冷冻至凝结取出。
3. 在做法2的杯子内倒进奶酪慕斯面糊约8分满的高度后，放进冰箱冷冻至凝结，取出用红莓、小蓝莓等水果及薄荷叶装饰即可。

红莓巧克力慕斯面糊

材料

覆盆子果泥300克，细砂糖120克，吉利丁15克，苦甜巧克力200克，动物性鲜奶油A180克，君度橙酒10克，动物性鲜奶油B600克

做法

① 吉利丁放入冰水中泡软；苦甜巧克力隔水加热至完全融化，备用。
② 把覆盆子果泥、细砂糖放入容器内一起煮至70℃时，加入泡软的吉利丁拌匀。
③ 取动物性鲜奶油A煮沸，加入做法1的苦甜巧克力拌匀，再加入君度橙酒拌匀，放入做法2的材料中拌匀。
④ 取动物性鲜奶油B打发后，加入在做法3中拌匀即为红莓巧克力慕斯面糊。

慕斯的纯情

瑞士奶酪慕斯

　　纯白的瑞士奶酪慕斯点缀了一些装饰，简单优雅。有人说品尝慕斯，更多的是在感受一种心情。这款瑞士奶酪慕斯特别加入了奶酪。奶酪似乎含着一种单纯的希冀，仿佛每一秒都闪耀着自己的光彩，这美丽的事物时刻蒸腾着爱情的滋味，当你与他不期而遇时，就像这奶酪般甜美，听着他爱的语言，一直到永远。

材料 Ingredient

奶油奶酪	350克
糖粉	60克
蛋黄	3个
牛奶	400毫升
吉利丁	7片
蛋清	3个
细砂糖	50克
动物性鲜奶油	330克
蜜饯水果	50克
葡萄干	50克
君度橙酒	40毫升
海绵蛋糕	适量

做法 Recipe

1. 吉利丁放入至少五倍量的冰水中浸泡至软，备用。

2. 将奶油奶酪、糖粉一起以隔水加热的方式转小火煮软后，加入蛋黄、牛奶继续加热至70℃离火，再加入泡软的吉利丁拌匀。

3. 将细砂糖加入少许的水煮至121℃，冲入蛋清后一起打成意大利蛋清霜，再加入做法2中拌匀。

4. 动物性鲜奶油打发后，加入做法3中拌匀，再加入蜜饯水果、葡萄干、君度橙酒拌匀，即为奶酪慕斯面糊。

5. 将海绵蛋糕铺于慕斯圈的底层，再将奶酪慕斯面糊倒入模内，放进冰箱冷冻至凝结即可。

等待只为更甜蜜

意式奶酪慕斯

　　每次品尝意式奶酪慕斯，都有一种甜蜜，即使需要花时间等待，也会倍感甜蜜。这种甜蜜就如点一盏灯，等着心爱的人回家，那坚定的目光下隐藏的就是对爱人深深的情。奶酪慕斯每一口的香甜都像是经久不衰的爱情，总是在心头萦绕。

材料 Ingredient

丽可塔奶酪	500克
细砂糖	150克
苦甜巧克力	80克
蜜饯水果	180克
开心果	70克
动物性鲜奶油	400克
海绵蛋糕	适量

做法Recipe

1. 苦甜巧克力切碎；开心果切碎备用。

2. 将丽可塔奶酪、细砂糖放入容器内一起打软后，加入苦甜巧克力碎、蜜饯水果、开心果碎拌匀。

3. 动物性鲜奶油打发后，加入做法2中拌匀，即为奶酪慕斯面糊。

4. 将海绵蛋糕铺于慕斯圈的底层，再将奶酪慕斯面糊倒入模内，放进冰箱冷冻至凝结即可。

美味情缘
低脂奶酪慕斯蛋糕

低脂奶酪慕斯蛋糕，一款小清新的蛋糕。在几种水果的加入下，为蛋糕的口味增添了一股清爽味，减少了奶酪、奶油等材料中的甜腻感。清爽、丝滑，浓郁醇香相互交织出一段美味情缘。这种感觉只有把它含在嘴里才能体会到。

材料 Ingredient

奶油奶酪	150克
吉利丁	5片
柠檬汁	30毫升
君度橙酒	30毫升
蛋清	4个
细砂糖	120克
水	少许
动物性鲜奶油	400克
海绵蛋糕	适量
（做法见P74）	

做法Recipe

1. 吉利丁片放入至少五倍量的冰水中浸泡至软备用。

2. 将奶油奶酪以隔水加热的方式煮软后，加入做法1的吉利丁片，再加入柠檬汁、君度橙酒拌匀。

3. 细砂糖与少许的水一起放入锅中煮至121℃时离火，冲入蛋清一起打成意大利蛋清霜，再加入做法2的材料拌匀。

4. 动物性鲜奶油打发后，加入做法3中一起拌匀，即为奶酪慕斯面糊。

5. 将海绵蛋糕铺于慕斯圈模的底层，再将奶酪慕斯面糊倒入模内，以抹刀整形，放进冰箱冷冻至凝结，取出脱模，用些许自己喜爱的水果装饰即可。

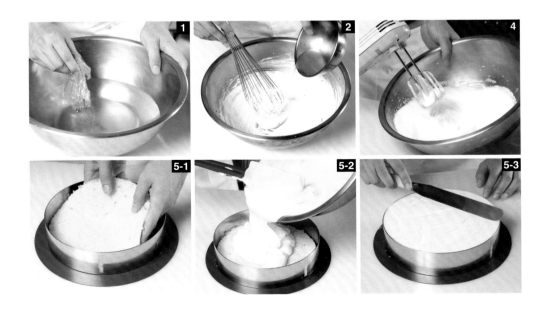

这就是爱的滋味

杏仁磅蛋糕

　　当浓郁的奶香味邂逅杏仁非一般的独特香味，碰撞出一场令舌尖依依不舍的缠绵爱恋。加上磅蛋糕原本的细腻感轻轻温柔舌尖，更令人陶醉，同时杏仁的脆还会给口腔带来一种嚼劲的乐趣，不知不觉竟然如此痴迷这种味道，或许这种痴迷叫深爱。

材料 Ingredient

高筋面粉	145克
黄油	145克
糖粉	101克
蜂蜜	43克
乳化剂	4克
盐	3克
牛奶	14毫升
全蛋液	145克
杏仁粉	28克
杏仁片	50克

做法 Recipe

1. 将模型抹上一层白油（分量外）备用。高筋面粉、糖粉过筛备用。

2. 将黄油、蜂蜜、乳化剂、盐、牛奶、杏仁粉、高筋面粉、糖粉倒入搅拌缸中，装入桨状搅拌器，先用慢速搅拌至无干粉，再改用中速搅拌至绒毛状，过程中要停机刮缸。

3. 做法2继续搅拌至体积变大、变白，绒毛状更长后，分次加入全蛋液，至蛋液全部拌均匀，面糊呈光滑细致状。

4. 做法3面糊装入模型中，表面撒上杏仁片，入烤箱烘焙，烘焙温度上火200℃、下火170℃烤至表面呈金黄色且有弹性即可。

拯救味蕾的迷茫

芒果磅蛋糕

内部组织扎实细腻，浓郁奶香，口感润泽的磅蛋糕在芒果丁的加入，其味道变得更加清新，口感细腻丝滑。滑嫩与松软交织着，一起叫醒沉睡的味蕾。吃腻了太甜、太软的蛋糕，那就给自己换个口味，来尝试一下这款芒果磅蛋糕，绝对会带给你不一样的味觉体验，让你迷茫的味蕾从此找到方向。

材料 Ingredient

A:

细砂糖	240克
盐	3克
鸡蛋	3个
色拉油	130克
黄油	130克
香草精	5克

B:

低筋面粉	325克
肉桂粉	2克
泡打粉	7克

C:

芒果丁	210克

做法 Recipe

1. 所有材料A依序倒入钢盆中全部搅拌均匀至材料完全融合。

2. 材料B过筛倒入做法1钢盆中搅拌均匀，至面糊呈光滑无颗粒状，拌入芒果丁，再倒入长方模中抹平。

3. 将做法2烤模送进已预热的烤箱，以上火180℃、下火180℃烘焙35~40分钟，烘焙中待蛋糕表面结皮时，以锯齿刀从中间划一刀，继续烘焙至熟即可。

备注：选用新鲜芒果去核后切丁的口味相当好！

温柔了舌尖
花篮蛋糕

　　一朵一朵的清新小花点缀着，一条一条清晰的竹篮纹理凸显着，画面太美。颜色清晰脱俗，外形优雅，让人舍不得食用，这就是食物的艺术。此时的蛋糕不仅仅只是一种取悦味蕾的美食，更是一种调剂好心情的艺术品。它能温柔舌尖，也能惊艳心灵。

材料 Ingredient

戚风蛋糕　　　1个
（做法见P63）
白色打发鲜奶油　300克
绿色打发鲜奶油　少许
各色糖花　　　适量

做法Recipe

1. 在戚风蛋糕体上均匀涂抹上白色打发鲜奶油后，再用抹刀将蛋糕体周围均分为20等份。

2. 使用篮子花嘴依照做法1的距离编画出篮子形状，在蛋糕体的表面上用弯板做出等距离的记号，再使用篮子花嘴依照记号编画出篮子形状。

3. 在蛋糕底部使用贝壳花嘴挤出贝壳花饰。使用贝壳花嘴沿着蛋糕表面边缘挤出一圈的绳索形状。

4. 在蛋糕表面1/2处，使用贝壳花嘴挤出曲折形状后，并在欲放置糖花的位置处，挤出少许的鲜奶油作为固定糖花的黏合剂。

5. 在做法4的记号处放上漂亮的糖花，重复做法4和做法5的作依序摆放出数朵的糖花。

6. 取绿色打发鲜奶油装入挤花袋中，并使用叶片花嘴挤出叶子形状；在蛋糕的周围处，同样的放上数朵糖花并使用叶片花嘴挤出叶片形状作为装饰。

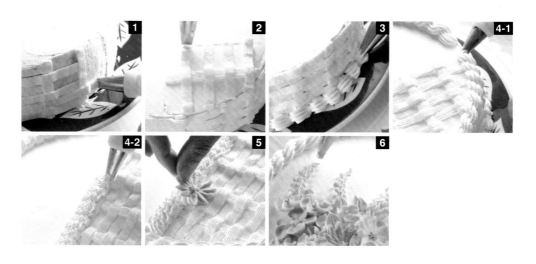

悄悄说我爱你
玫瑰花蛋糕

蛋糕、巧克力、玫瑰花都成了浪漫的代名词，也是一种用来表达情意的道具。玫瑰花蛋糕更是一种最佳告白的好道具，含蓄不张扬，悄悄地对接受礼物之人诉说你的爱恋。蛋糕上的蓝色妖姬就如你对她（他）的守候，细腻丝滑的口感就如你对她（他）的温柔。爱她就告诉她，别让时光掩埋了内心你对她的爱恋。

材料 Ingredient

戚风蛋糕	1个
（做法见P63）	
黄色打发鲜奶油	300克
紫色打发鲜奶油	少许
绿色打发鲜奶油	少许
粉红色打发鲜奶油	少许
三角形锯齿刮板	1个

做法Recipe

1. 取黄色打发鲜奶油均匀涂抹在蛋糕体后，再用三角形锯齿刮板沿着蛋糕体周围刮出线条纹路。

2. 取紫色打发鲜奶油装入挤花袋中，并使用玫瑰花嘴在花丁上挤出1朵紫色玫瑰花后，再使用小剪刀将玫瑰花取下放在蛋糕体上，反复玫瑰花的做法做出3朵来摆放。

3. 取绿色打发鲜奶油装入挤花袋中，并使用圆形花嘴在玫瑰花的下方挤出绿色的线条作为玫瑰花梗。

4. 取粉红色打发鲜奶油装入挤花袋中，并使用玫瑰花嘴挤出粉红色蝴蝶结的形状。

5. 再取绿色打发鲜奶油并使用叶片花嘴在玫瑰花的周围挤出数片的叶子形状。

6. 取黄色打发鲜奶油并使用贝壳花嘴，沿着蛋糕的底部周围挤出一圈的贝壳花饰即可。

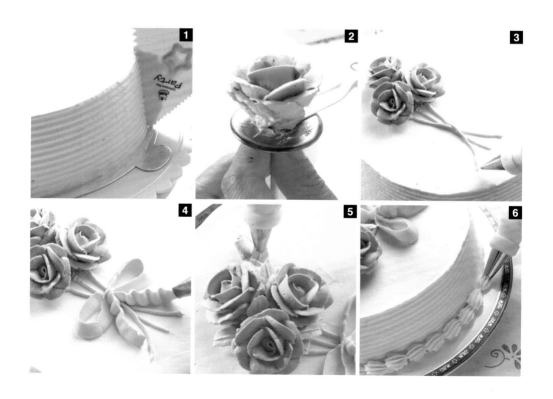

纯白中的那点红

草莓奶酪蛋糕

　　粉红色的草莓奶酪蛋糕配上香浓的奶油奶酪，新鲜、甜美、奶香、丝滑、芬芳，层层递进，简直妙不可言。暗香浮动的草莓，传递着初夏的气息；浓郁的奶酪，蔓延着热烈的意大利魅力。一道甜品，两种风情，才下眉头，却上心头。

材料 Ingredient

奶油奶酪	300克
细砂糖	100克
牛奶	90毫升
草莓优格	100克
吉利丁	4片
动物性鲜奶油	200克

做法Recipe

1. 奶油奶酪以隔水加热的方式使其回温软化后，放入搅拌器中，加入细砂糖、牛奶一起拌至呈无颗粒状时，再加入草莓优格搅拌均匀。

2. 吉利丁用冰水泡软沥干，再加入做法1的材料中一起隔水加热拌匀。

3. 动物性鲜奶油用打蛋器打至6分发时，再倒入做法2中一起搅拌均匀。

4. 最后把做法3的材料倒入模型中以刮刀抹平，放入冷冻库中，以-18℃冻藏约30分钟，食用前将草莓（材料外）放上装饰即可。

黑森林蛋糕

黑森林蛋糕是一种德国著名甜点。它融合了樱桃的酸、鲜奶油的甜、樱桃酒的醇香，口感更加绵密细致，同时散发出令人着迷的香味。完美的黑森林蛋糕经得起各种口味的挑剔。黑森林蛋糕无论外表还是口感，层次感很强，一份酸，一份甜，还有点微苦，几种滋味交融在一起就是美味。

材料 Ingredient

戚风蛋糕	1个
（做法见P63）	
罐装黑樱桃	适量
白色打发鲜奶油	500克
巧克力米	适量
巧克力碎片	适量
红樱桃	8颗
糖粉	少许

做法 Recipe

1. 将蛋糕体横剖切成3片，取其中一片蛋糕体，涂抹上一层白色打发鲜奶油，再铺上沥干水分的黑樱桃后，再叠上另一片蛋糕体，重复上述的做法至3片蛋糕体都用完。

2. 取白色打发鲜奶油均匀涂抹在蛋糕体上，再用一只手托住蛋糕底部，另一只手抓取适量的巧克力米，慢慢粘在蛋糕体侧面处直到绕完一圈。

3. 取白色打发鲜奶油装入挤花袋中，使用贝壳花嘴在蛋糕底部周围边挤出一圈的贝壳花饰。

4. 在蛋糕表层处撒上巧克力碎片，再摆放上红樱桃作为点缀，再撒上少许糖粉即可。

甜蜜缠绵舌尖

大理石奶酪蛋糕

　　大理石奶酪蛋糕混合了奶酪蛋糕的浓郁醇厚与巧克力的甜腻滑润，两种滋味融合在一起就成了这款美味的糕点。因柳橙汁的加入，吃起来更加地清爽。大理石般的纹理，绵密细腻的口感，甜蜜在舌尖缠绵，回味悠长，幸福在心底久久萦绕。

材料 Ingredient

奶油奶酪	600克
细砂糖	150克
全蛋	4个
柳橙汁	30毫升
底层饼干	适量
巧克力酱	适量

做法 Recipe

1. 将奶油奶酪、细砂糖放入容器内一起打软后，再加入全蛋和柳橙汁拌匀，即为奶酪面糊。

2. 奶酪模内涂抹上一层薄油后，先将底层饼干铺于奶酪模的底层，再将奶酪面糊倒入奶酪模中至8分满的高度。

3. 用巧克力酱在做法2的面糊表面上以牙签画出花纹装饰。

4. 将适量的冷水倒入在烤盘后，把做法3的奶酪模放在烤盘上面，以上火170℃、下火170℃烤约40分钟上色后，关上下火至150℃再续烤50分钟即可。

小贴士 Tips

➕ 刚出炉的蛋糕多少会有一些蛋腥味，通常放凉味道就消失，不防加一些柠檬汁、朗姆酒或香草精在面糊里，味道就好多了。

香草奶酪布丁蛋糕

香草奶酪布丁蛋糕奶香浓郁，口感细腻，就如豆腐般入口即化，让味蕾体会所谓的"光滑的食感"，也是一种法式点心界的新体验。吃腻了其他蛋糕，可以尝试这款香草奶酪布丁蛋糕，让沉睡的味蕾苏醒。

材料 Ingredient

A:

奶油奶酪	200克
无盐黄油	150克
牛奶	210毫升
蛋黄	2个
细砂糖	40克
香草精	5克
玉米粉	30克
低筋面粉	20克

B:

蛋清	4个
细砂糖	85克
柠檬汁	5毫升

做法 Recipe

1. 将奶油奶酪、无盐黄油、牛奶放入容器内一起以隔水加热的方式转小火煮软备用。

2. 将蛋黄、细砂糖、香草精放入容器内拌匀，再加入过筛的低筋面粉、玉米粉拌匀后，倒入做法1中搅拌均匀。

3. 将材料B的蛋清、细砂糖、柠檬汁一起打发至湿性发泡，倒进做法2中拌匀即为奶酪面糊。

4. 取出烤杯模并在杯内涂抹一层薄油（材料外）后，倒入奶酪面糊至8分满的高度。

5. 倒入适量冷水在烤盘中，将做法4的烤杯放在烤盘上面后送入已预热的烤箱中，以上火160℃下火160℃烤20~25分钟即可。

夏季的惊喜
香蕉奶酪慕斯

　　慕斯、冰激凌、布丁是夏季最佳甜品。香蕉奶酪慕斯，加入上适量的柠檬汁，形成别具一格的清新酸爽感觉，非常适合夏天食用。每次咬进嘴里一口，就像咬了一口巨大的甜蜜和惊喜。慕斯的香味化开在舌尖，然后滑进了心底。甜和微酸的碰撞带来了巨大的享受。这就是夏季的惊喜。

材料 Ingredient

奶油奶酪	125克
糖粉	60克
香蕉	500克
柠檬汁	50毫升
吉利丁	9片
朗姆酒	20毫升
动物性鲜奶油	500克
海绵蛋糕	适量
（做法见P74）	

做法 Recipe

1. 吉利丁放入至少五倍量的冰水中浸泡至软，备用。

2. 将奶油奶酪、糖粉放入容器内一起以隔水加热方式煮软备用。

3. 香蕉、柠檬汁一起打成泥状后再和做法2材料拌匀。

4. 在做法3中加入泡软的吉利丁拌匀后，再加入朗姆酒拌匀。

5. 把动物性鲜奶油打发后，倒入做法4材料中拌匀，即为奶酪慕斯面糊。

6. 将海绵蛋糕铺于造型烤模的底层，再将奶酪慕斯面糊倒入模内，放进冰箱冷冻至凝结，脱模之后装饰即可。

西式点心，
专享休闲时光

　　那些总是出现在各种蛋糕店、咖啡厅以及餐厅里的迷人香甜，一吃上瘾的泡芙、千层派、海鲜派、葡式蛋挞、巧克力香蕉塔、舒芙蕾等西式点心，时刻都在诱惑着我们这些吃货。不过现在大家再也不用担心吃不到，在家就可以做出跟店里一样味道的点心，赶紧动手吧，为自己打造专属休闲时光，静静地享受其中之味。

甜派皮

　　草莓奶油派、蓝莓奶酪派、柠檬塔等美观美味的水果派，都得用派皮来做支撑。想要轻松做好美食，就得打好基本功——学会做派皮。派皮有甜味和咸味之分。甜派皮适合做各种水果、坚果、巧克力和奶油奶酪等派底用。而咸味的可以配合各种海鲜、肉类和蔬菜等做成咸口的派底。

材料 Ingredient

无盐黄油	125克
糖粉	100克
全蛋	50克
杏仁粉	50克
低筋面粉	250克
盐	1/2小匙

做法 Recipe

1. 在一容器中，将室温的无盐黄油打软拌匀后，分次加入过筛的糖粉拌匀至乳白色，再加入全蛋拌匀。

2. 在做法1中加入过筛的盐、杏仁粉与低筋面粉拌匀成面团。

3. 将做法2的面团取出压平。用保鲜膜包起，放置冰箱冷藏松弛约30分钟以上即可。

备注：材料中的无盐黄油也可用同量的发酵奶油替代。

小贴士 Tips

⊕ 甜派皮跟咸派皮一样，可一次多搅拌一些，用塑胶袋分装包好，放入冷冻库保存可保存1个月，使用前可先放在冷藏退冰后再使用。

不知咸滋味
咸派皮

　　有人爱甜，有人爱咸，别问为什么，因为爱很难说出口。派皮分两种，一种是甜派皮，一种是咸派皮，每一种都有自己的独特的风味。咸派皮适合做牛肉派、菠菜派等派。若感觉甜食吃多了太腻，可以尝试换条路线，用咸派皮来变魔法，给自己来一场特别的味蕾盛宴。

材料 Ingredient

低筋面粉	300克
无盐黄油	150克
盐	1小匙
蛋黄	1个
冰水	90毫升

做法Recipe

1. 无盐黄油切成小块，低筋面粉过筛备用。将低筋面粉放置于工作台上，加入无盐黄油块。

2. 用刮刀边将无盐黄油块与低筋面粉拌合，边将无盐黄油块再切成约米粒状。

3. 以手将做法2的材料搓揉均匀。

4. 将做法3铺平，于中间打入蛋黄，再慢慢加入用盐拌溶的冰水，再将全部材料一起搓揉成面团状。

5. 以刮刀将面团整形，再用保鲜膜包好压平，于入冰箱中冷藏松弛约30分钟以上即可。

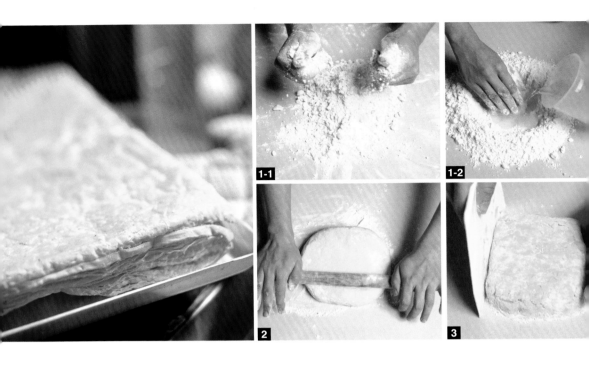

香脆，一直伴随

起酥派皮

　　起酥派皮的做法比较复杂，但口感松脆、酥香美味，是非常好吃的派皮。通常用来做千层派、葡式蛋挞、酥皮浓汤等。制作一次大概需要2个小时才能完成，所以一次性大量制作比较省工。做好的派皮密封起来可以放置2~3个月。使用前一天取出退冰即可。

材料 Ingredient

中筋面粉	250克
无盐黄油 (1)	35克
冰无盐黄油 (2)	160克
水	125毫升
盐	1/2大匙

做法Recipe

1. 将中筋面粉、盐、水、无盐黄油（1）混合揉成面团，用保鲜膜或塑料袋包好压平，放入冰箱冷藏松弛约20分钟。

2. 将冰硬的无盐黄油（2）用擀面杖敲打成长方形厚片备用。

3. 将冰箱的面团（做法1）取出擀开，面积比做法2的无盐黄油大两倍，再将做法2的无盐黄油放置中央包起来，面团的接缝处需捏紧。

4. 将做法3的面团擀开成大长方形。折叠三折后再擀成长方形，一共做六次既可（一共是3折×6次）。

香酥的诱惑
拿破仑派

千层酥皮的香酥诱惑几乎无人能抗拒。但将甜品的精致和浪漫发挥到极致的法国人，似乎觉得只有一层酥皮不够过瘾，因此发明了拿破仑派。它由几层千层酥皮、白色蛋奶以及松软蛋糕体组合而成，不但有蛋奶的香甜还有千层酥的酥脆，口感丰富、清甜，让人无法抵制拿破仑派的诱惑。

材料 Ingredient

起酥派皮	200克
（做法见P118）	
鲜奶油	150克
（打发）	

蛋糕体

蛋黄	5个
蛋清	7个
无盐黄油	60克
牛奶	60毫升
细砂糖（1）	50克
细砂糖（2）	60克
低筋面粉	100 克
泡打粉	1小匙
香草精	1小匙

做法Recipe

1. 将起酥派皮用擀面杖擀平放入抹了油（材料外）的烤盘中，将派皮表面用叉子搓洞后，放入冰箱冷藏松弛约1小时。

2. 蛋黄与细砂糖（1）用打泡器搅拌至淡黄色，加入融化的无盐黄油、牛奶、香草精拌匀，再放入已筛的低筋面粉与泡打粉轻轻拌匀。

3. 将蛋清打起泡后，分次加入细砂糖（2）继续打至偏干性发泡，再分次加入做法2中拌匀。

4. 取一个干净的烤盘铺上烤盘垫纸，将做法3倒入并用软刮板抹平，放入烤箱，以上火180℃下火150℃烘焙20～25分钟取出放凉，即为蛋糕体。

5. 将做法1的起酥派皮，放入已预热的烤箱，以上下火热200℃烤箱烘焙约50分钟后，派皮呈现茶色时取出放凉后，裁切成长条状。

6. 先将蛋糕体均匀抹上打发的鲜奶油，再放上做法5的派皮，最后将蛋糕卷起即可。

蓝莓派

　　蓝莓果肉细腻，风味独特，酸甜适度，又具有香爽宜人的香气。其含有丰富的蛋白质、维生素、矿物质和微量元素等营养成分。正因为新鲜蓝莓的加入，所以蓝莓派营养丰富，味道更加清新可口。蓝莓在面粉、牛奶、蛋黄等原材料组合与创造下，演绎出一段蓝色美味情缘。

材料 Ingredient

甜派皮	250克
（做法见P116）	
低筋面粉	160克
泡打粉	1小匙
牛奶	130毫升
蛋黄	30克
蛋清	40克
无盐黄油	125克
细砂糖（1）	80克
细砂糖（2）	25克
盐	1/4小匙
新鲜蓝莓	1盒

做法 Recipe

1. 将甜派皮擀平成0.4厘米厚，放入派盘内整形，松弛约15分钟后，隔纸压镇石放入烤箱，以上火200℃、下火210℃烘焙约12分钟后，取出纸与镇石备用。

2. 将低筋面粉、泡打粉、盐一起过筛，放入容器中，加入切成小块的冰凉无盐黄油及细砂糖（1），继续用刮刀一边混合一边切碎无盐黄油成疏松状，即为酥皮；先取出其中的40克用保鲜膜包起，放入冰箱冷藏备用。

3. 将剩余的做法2分次加入蛋黄与牛奶拌匀。

4. 将蛋清用打泡器打发后，加入细砂糖（2）打至偏干性发泡，分两次加入做法3中拌匀，即为内馅。

5. 将内馅倒入派皮中约八分满，表面均匀撒上之前放在冰箱冷藏备用的40克酥皮与新鲜蓝莓，放入烤箱以上火180℃、下火200℃烤35～40分钟至表面成金黄色即可。

低脂新选择
茅屋奶酪派

　　茅屋奶酪派因为加入卡特基奶酪（Cottage　Cheese），开始变得不平凡。"Cottage　Cheese"译为茅屋奶酪。它未经完全熟成的白色软奶酪，味道温和而清淡,脂肪含量比一般的奶酪要低很多,只有2%~10%,十分健康。茅屋奶酪派的味道就如其名字一般给人一种浪漫神秘之感。只有亲自品尝,才知那般美味。

材料 Ingredient

甜派皮	250克
（做法见P116）	
奶油奶酪	60克
卡特基奶酪	120克
动物性鲜奶油	120克
牛奶	70克
蛋黄	2个
蛋清	2个
吉利丁	4片
细砂糖（1）	25克
细砂糖（2）	30克
消化饼干（压碎）	3片

做法Recipe

1. 将甜派皮擀成0.4厘米厚，置入派盘中整形好松弛约15分钟后，隔纸压镇石放入烤箱，以上火200℃、下火210℃烘焙约10分钟后，取出纸与镇石，再继续烤3~5分钟至表面呈金黄色。

2. 鲜奶油打发后冷藏,吉利丁泡冰水软化备用。

3. 将蛋黄与细砂糖（1）一起拌匀,再加入牛奶拌匀,隔水加热至70℃左右,加入奶油奶酪继续隔水加热至融化。

4. 将泡软的吉利丁挤干水分后,加入做法3拌至融化后,离火,加入卡特基奶酪拌匀,隔冰水降温至稍呈浓稠状。

5. 蛋清打发后加入细砂糖（2）,继续打至湿性发泡后,加入做法4中,再将做法2的鲜奶油加入一起拌匀。

6. 将做法5的材料倒在派皮上呈三角椎状,上面均匀撒满消化饼干屑,冷藏约4小时即可。

好心情的开始

乡村牛肉派

　　牛绞肉、洋葱丁、西芹、披萨奶酪丝、咖喱粉、玉米粒、咸皮派等多种原料成就了这款美味的乡村牛肉派。每一种材料缺一不可。西式做法的派皮搭配偏中式口味的内馅出人意料地美味。尤其内馅的咖喱与披萨奶酪丝千万不能少，它们简直是这个派的灵魂。

材料 Ingredient

咸派皮	450克
（做法见P117）	

蛋黄液

蛋黄	1个
水	少许

内馅材料

牛绞肉	200克
洋葱丁	80克
西芹	30克
冷冻综合蔬菜	50克
披萨奶酪丝	30克
咖喱粉	2大匙
玉米粉	2大匙
胡椒粉	少许
盐	1小匙

做法 Recipe

1. 取2/3的咸派皮擀成0.4厘米厚，置入派盘中，切掉边缘多余的派皮，整形好松弛约15分钟。

2. 将内馅全部材料放入容器中搅拌均匀后，放入派皮内。

3. 派盘上的派皮边缘四周涂抹上适量的蛋黄液。

4. 将剩余的派皮（做法1多余的派皮与剩余的1/3派皮结合在一起）擀平后，盖在做法3的派上。

5. 切掉边缘多余的派皮，四周用叉子压紧。

6. 表面擦上剩余蛋黄液后，用剪刀剪出气孔，放入烤箱，以上火200℃、下火210℃烘焙约25～30分钟即可。

小贴士 Tips

➕ 冷冻综合蔬菜是为了方便迅速使用，如果有时间，不妨准备些新鲜蔬菜，分别用盐水稍微烫煮后放凉，再一同拌入内馅材料中；切记要将水煮蔬菜放凉或用冰水冷却后再拌入内馅材料中，以免冷热材料合并造成细菌滋生的危险!

菠菜奶酪派

健康也是一种美味

菠菜丰富的β-胡萝卜素，并在体内可转化为维生素A，同时还含有丰富的叶酸、B族维生素、矿物质等，对皮肤、眼睛、神经系统都有不可小视的作用。而奶酪是浓缩的牛奶，营养价值比牛奶高出很多，而且又非常容易消化、吸收，能为成长中的孩子提供丰富的蛋白质、钙、磷等营养物质。当菠菜邂逅奶酪，美味营养升级。菠菜奶酪派口味浓郁而不油腻，非常可口。

材料 Ingredient

咸派皮	350克
（做法见P117）	
菠菜	80克
蘑菇	40克
奶油奶酪	80克
牛奶	60毫升
鲜奶油	100克
全蛋	1个
蛋黄	1个
黑胡椒粉	1/2小匙
豆蔻粉	1/8小匙
火腿（切末）	4片
奶酪粉	适量
盐	1小匙

做法 Recipe

1. 将咸派皮面团擀成厚约0.4厘米的派皮，放入派盘中，切掉边缘多余的派皮整形后备用。

2. 菠菜叶放入加了许多盐（分量外）的滚水中煮软即捞出泡入冰水中冷却，待冷时再从冰水中捞起，用手挤干水分并切成细碎状；蘑菇切小片备用。

3. 奶油奶酪打软后，分次慢慢加入全蛋、蛋黄搅拌均匀，倒入牛奶、鲜奶油拌匀，再加入盐、黑胡椒粉、豆蔻粉拌匀。

4. 于做法3中放入蘑菇片，最后加入切碎的菠菜、火腿拌匀即可倒在派皮上，表面撒上奶酪粉，放入烤箱，以上火200℃、下火210℃烘焙30～35分钟即可。

弥留齿间的甜蜜

红豆派

红豆含热量低，富含维生素E及钾、镁、磷、锌、硒等活性成分，是典型的高钾食物，具有清热解毒、健脾益胃、通气除烦、补血生乳等多种功效。将营养丰富、香甜可口煮成泥的红豆包裹在酥松的派皮，一种甜蜜弥留在齿间，久久不愿散去。

材料 Ingredient

甜派皮	250克
（做法见P116）	
蜜红豆	200克
水	160毫升
琼脂粉	3克
麦芽	15克
蛋清	3个
细砂糖	60克

做法 Recipe

1. 将甜派皮杆约0.4厘米厚，压入派模中并用叉子戳洞，松弛约10分钟。

2. 隔纸压镇石放入烤箱，以上下火200℃烘焙约12分钟后，取出纸与镇石后再放入烤箱继续烤3～5分钟至表面呈金黄色备用。

3. 将琼脂粉加水煮至滚沸后，加入蜜红豆拌匀至再次煮沸后，加入麦芽煮至糊化，倒入做法2的派皮中。

4. 蛋清用打泡器打至发泡后，将细砂糖分两次加入，打至干发泡，再用挤花袋挤在做法3的红豆派上，放入烤箱以上下火200℃烤2～3分钟，至蛋清表面呈现淡淡黄褐色即可。

无法阻挡的鲜美味

海鲜派

　　虾仁、鱼片、花枝圈在白色奶油的包裹下，盛放在金黄色的起酥派皮里。一款雅致鲜美的海鲜派成功出世了。海鲜的鲜美、起酥蛋皮的酥香、奶油的丝滑，组成一种令舌尖无法阻挡的鲜美味。

材料 Ingredient

起酥派皮	300克
（做法见P118）	
虾仁	100克
鱼片	60克
花枝圈	60克
美乃滋	60克
白胡椒粉	少许
巴西里	少许
盐	1/2小匙

蛋黄液

蛋黄	2个
水	适量

做法 Recipe

1. 将起酥派皮擀平后用圆形模型压出12片后，取其中6片，用较前一圆形小一点的圆形模型压在中间，挖掉中间部分的派皮成为轮胎状。

2. 将6片圆形派皮四周刷上蛋黄液后，盖上轮胎状中空派皮，放入冰箱冷藏松弛约15分钟。

3. 将做法2取出，表面四周再刷上剩余蛋黄液后，放入烤箱以上下火200℃烤约20分钟，烤好后取出备用。

4. 将虾仁、鱼片、花枝圈分别放入滚水中氽烫至熟，取出放入冰水冷却后沥干，拌入美乃滋、盐、白胡椒粉、巴西里调味，最后放入烤好的派皮中央即可。

层层香脆
咖啡千层派

　　貌不惊人的小小面团，经过反复的擀压，重覆的对叠，由于面皮与奶油隔离而产生许多层次，最终形成千层酥。层层酥松感酥酥脆脆、香浓甜美。在咖啡粉与咖啡酒的融入，香味升级，风味独特。酥、脆、香、甜，色泽美观。这就是咖啡千层派层层香脆的秘密。

材料 Ingredient

起酥派皮	300克
（做法见P118）	
糖粉	适量

内馅及装饰材料

速溶咖啡粉	1.5大匙
牛奶	200毫升
蛋黄	50克
无盐黄油	10克
低筋面粉	10克
玉米粉	10克
细砂糖	50克
盐	1/4小匙
咖啡酒	1小匙

做法Recipe

1. 将起酥派皮用擀面杖擀成30x40厘米放入烤盘中，用叉子将派皮表面搓洞后，放入冰箱冷藏松弛约1小时。

2. 将松弛后的起酥派皮取出，放入已预热烤箱，以上下火200℃烤箱烘焙约40分钟后，将表面撒上糖粉后，再继续烘焙至表面糖粉融化，或派皮呈现茶色即可取出冷却备用。

3. 牛奶、细砂糖、盐加热至煮沸后，加入速溶咖啡粉拌匀。

4. 将蛋黄打散后，加入过筛的玉米粉、低筋面粉拌匀。

5. 将做法3分次加入做法4中拌匀，再用小火煮至光亮凝胶状后离火，趁热加入无盐黄油、咖啡酒，快速搅拌均匀，倒入一干净的烤盘中，用保鲜膜浮贴在咖啡奶油馅上待凉备用。

6. 将派皮修边（保留修边的派皮）切成3等份，取其中一份表面挤上咖啡奶油馅，盖上一层派皮后，再挤上咖啡奶油馅，再盖上另一层派皮，将修边后剩下的派皮弄碎，贴在两侧即可。

原味塔皮

美食基本功

原味塔皮是制作一类美食的基础，比如蛋挞、苹果塔、水果塔等美食。大尺寸的派塔可与亲友一同分享，而迷你小巧的塔类点心，只需加上点缀美味可口的装饰，美观又美味。经过高温烘焙的塔皮酥香可口。

材料 Ingredient

高筋面粉	75克
低筋面粉	140克
奶粉	10克
泡打粉	2克
无盐黄油	140克
糖粉	75克
盐	2克
全蛋	43克
水	10毫升

本材料分量约可做：
★ 个人份 → 20个
★ 4寸 → 3个
★ 6寸 → 2.5个
★ 8寸 → 2个
★ 10寸 → 1.5个
备注：个人份塔模
直径约为7厘米。

做法Recipe

1. 先将无盐黄油置于室温软化备用，高筋面粉、低筋面粉、奶粉、泡打粉一起过筛备用。

2. 将已过筛的糖粉、盐，做法1无盐黄油放入搅拌盆中，用电动打蛋器将无盐黄油打发呈乳白色，分次加入蛋液和水，每次的加入都要充份的搅拌均匀使蛋液和水充分被吸收。

3. 将做法1预先过筛的粉料倒在桌面上，用刮板挖出凹槽，取出做法2打发的黄油放在凹槽内，以按压的方式拌匀，最后整形成团，即为原味塔皮面团。

4. 将塔皮面团视模塔模大小，分割成适当等份，压平在涂油撒粉过的塔模内，松弛约15分钟。

5. 将做法4放在烤盘上，放入烤箱，以上火180℃、下火190℃烘焙15～20分钟，烤至上色即可。

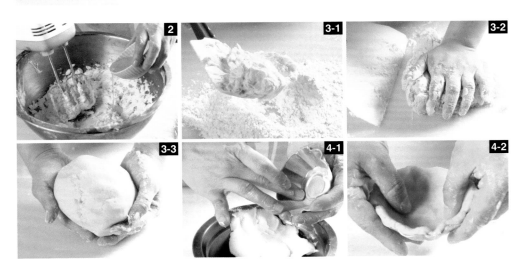

甜甜的好心情
甜味塔皮

　　美味漂亮的草莓塔、南瓜塔都是甜味塔皮的一场变形计。俗话说得好万丈高楼靠地基，美食也是如此，只有做好了基础的甜味塔皮，随便怎么加入食材都能创造不一样的美食，美味一直在那里不离不弃。简单的你或许更爱这种甜甜、脆香的原味塔皮。吃货们，赶紧动手吧，让每天都有甜甜的好心情相伴。

材料 Ingredient

低筋面粉	210克
杏仁粉	25克
无盐黄油	145克
糖粉	80克
全蛋	40克
盐	1克
香草精	少许

本材料分量约可做：
★ 个人份 → 20个
★ 4寸 → 3个
★ 6寸 → 2.5个
★ 8寸 → 2个
★ 10寸 → 1.5个
备注：个人份塔模
直径约为7厘米。

做法Recipe

1. 先将无盐黄油置于室温软化备用，低筋面粉、杏仁粉一起过筛备用。

2. 将软化的无盐黄油、已过筛的糖粉、盐一起放入搅拌缸中，用桨状拌打器搅拌至无盐黄油颜色变白，分次加入蛋液，每次的加入都要充分搅拌，使蛋液充分被吸收，以免油水分离。

3. 将做法1的粉料倒入拌匀，取出整形成团，压平放入塑料袋中，进冰箱冷藏松弛至少6小时以上。

4. 将甜味塔皮取出，擀成0.5厘米的厚度放入塔模中，再用面团加强四周厚度，切掉高出塔模多余的部分。

5. 做法4上面放防粘纸，纸上压重物（米或豆子），放入烤箱，以上火180℃、下火190℃烘焙15～20分钟，烤至上色即可。

只为你而存在

起酥塔皮

爱吃葡式蛋挞的人对起酥塔皮一定不陌生。葡式蛋挞之所以深爱大众喜爱，功不可没一重大功臣是起酥塔皮。起酥塔皮可以说是葡式蛋挞的灵魂。起酥塔皮是一种甜品小食，口感酥脆，美味香甜。单独食用，美味不打折。

材料 Ingredient

A:
中筋面粉	210克
细砂糖	20克
盐	3克
全蛋	35克
水	95毫升

B:
无盐黄油	20克
裹入油	110克

本材料分量约可做
★ 个人份 → 20个
备注：个人份塔模
直径约为7厘米

做法 Recipe

1. 将材料A全部放入搅拌缸中，用勾状拌打器搅拌成团。

2. 成团后加入无盐黄油继续搅拌，至无盐黄油被吸收即可。

3. 将面团滚圆后，接口朝下，放入钢盆封上保鲜膜，松弛10~15分钟。

4. 在桌面撒上少许高筋面粉，取出已松弛的面团，以按压的方式压出比裹入油面积大2倍的正方形。

5. 裹入油先整成正方形，将裹入油放置做法4面团的中央，将面团4个角向中央折起拉拢，紧密包覆裹入油，接缝处捏紧，以防擀压时漏油。

6. 用擀面杖把面团先擀成长方形，再折3折，重复擀开折3折的动作做3次。放入塑料袋中封好，松弛约30分钟。

7. 取出面团用擀面杖将面团擀薄。从中心往对侧、再从中心朝身体处移动擀平面皮。

8. 擀成薄厚度约0.3厘米的长方形，在整片面皮刷上一层少许的水，将面皮向内压紧开始卷，要卷紧一点，放入冰箱冷冻约30分钟使之冰硬。

9. 取出切成3厘米的厚片，用擀面杖擀成塔模的大小，放入塔杯中，沿塔模捏均匀即可。

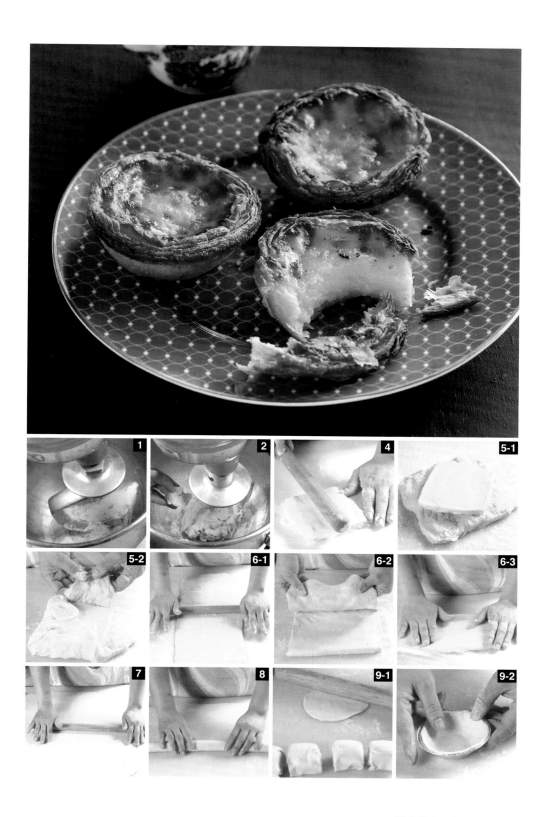

从讨厌开始爱上
核桃塔

　　核桃塔，毫不夸张地说吃过的人都会爱上，那种浓香感，留在唇齿间让人难以忘怀。经过烘焙后的核桃馅，因为牛奶中的水分挥发后，糖浆凝固，会非常甜美香浓。但不少人就是毫无理由地讨厌核桃，可核桃的高营养成分难以让人舍弃。为了健康，真是左右为难。如果你身边有这样的人，请给他们做核桃塔，把你的爱融在浓香的核桃塔里送给他们。

材料 Ingredient

8寸原味塔皮　1个
（做法见P130）

内馅材料

细砂糖	87克
蜂蜜	97克
鲜奶油	40克
黄油	21克
核桃	306克

做法Recipe

1. 将内馅中所有材料（除核桃外）全放入放入铜锅，以小火慢慢煮至118℃，颜色变成牛奶糖颜色（可以用核桃沾牛奶糖来测试，若可拉出1厘米的黏丝，即表示完成），迅速拌入核桃，将所有的核桃裹上牛奶糖，等到所有核桃拌匀后，趁热将坚果馅倒入塔皮中将表面整形，放入烤箱。

2. 烤箱温度以上下火200℃，烘焙20~25分钟即可。

巧克力香蕉塔

　　巧克力香蕉塔，卖相极佳，简单易做。上层的奶油很细腻，吃起来很清爽，下层的香蕉泥也混合了奶油在里面，吃起来比上层的要腻一点，但是口感完全不同，清甜的香蕉味，让舌尖难以停下来。酥脆的塔皮，润滑的香蕉，加上浓香的巧克力，又给自己一个放纵自己的机会。

材料 Ingredient

8寸原味塔皮	1个
香蕉	1根

巧克力糊

苦甜巧克力	125克
牛奶	250毫升
全蛋	125克
细砂糖	30克

香蕉鲜奶油

动物性鲜奶油	125克
细砂糖	30克
香蕉泥	适量
柠檬汁	适量
朗姆酒	少许

装饰

苦甜巧克力	适量

做法Recipe

1. 原味塔皮做法请见P130。

2. 制作巧克力糊：将苦甜巧克力切碎，加入牛奶中隔水加热，使巧克力融化。蛋打匀加入细砂糖，以打蛋器搅拌至颜色变白，再加入巧克力牛奶拌匀。

3. 香蕉切成0.5厘米厚的片，排入塔皮中，再倒入做法2巧克力糊，放入烤箱，以上下火180℃烘焙约20分钟，取出放凉。

4. 制作香蕉鲜奶油：将鲜奶油及细砂糖打至八分发，将香蕉泥、柠檬汁、朗姆酒加入拌匀即可，放冰箱冷藏2～3小时备用。

5. 将做法4香蕉鲜奶油抹平于做法3上，最后将融化的苦甜巧克力划线条于上，作为装饰即可。

经典的滋味
蛋塔

　　蛋挞是一种常见的点心，也深受大众喜爱。蛋挞以蛋浆为馅料，将饼皮放进小圆盆状的饼模中，倒入由细砂糖及鸡蛋混合而成的蛋浆，最终放入烤炉而烤制而成的一种美食。烤出的蛋挞外层是松脆的挞皮，内层则为香甜的黄色凝固蛋浆。好吃的蛋挞——挞皮层次分明，口感酥脆，挞水细腻幼滑，奶香浓郁。

材料 Ingredient

原味小塔皮　　5个
（做法见P130）

内馅

牛奶	400毫升
细砂糖	275克
盐	3克
全蛋	240克
蛋黄	100克
香草棒	1/2根

蛋液

全蛋	1个
水	少许

做法 Recipe

1. 将内馅材料中的香草棒刮出内部种子，连同香草棒放入牛奶中，加入材料中的细砂糖、盐以小火煮至快要沸腾即关火，冷却备用。

2. 取出香草棒，将全蛋与蛋黄混合打匀，倒入冷却的牛奶中拌匀后过滤，将浮在上面的泡沫去除。

3. 将做法3的内馅倒入塔皮模型内，约八分满，放入烤箱。

4. 烤箱温度上火170℃、下火190℃烤约20分钟即可。

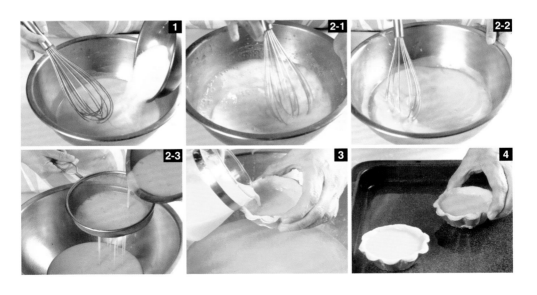

唇齿留香

坚果塔

这是一款法式小甜点，内馅加入了各种坚果，坚果的香脆配合塔皮，让香味更浓。可口美味的坚果塔，再配上一杯咖啡或红茶食用，简直是完美的享受。

材料 Ingredient

6寸原味塔皮　1个

内馅

细砂糖	85克
蜂蜜	100克
鲜奶油	40克
黄油	20克
综合坚果	300克

做法 Recipe

1. 原味塔皮做法请见P130。

2. 将细砂糖、蜂蜜、鲜奶油放入铜锅，以小火慢慢煮至118℃，颜色变成牛奶糖颜色（可以用坚果沾牛奶糖来测试，可拉出1厘米的黏丝即可），迅速拌入综合坚果，将所有的坚果裹上牛奶糖，等到所有坚果拌匀。趁热将坚果馅倒入塔皮中，将表面整形，即可。

值得细细品味
南瓜塔

　　金黄色的南瓜泥不仅使南瓜塔的外观增色，滋味更是甜美。而南瓜含有丰富的维生素A、维生素B、维生素C及钾、磷、钙、铁、锌等矿物质，8种人体必需氨基酸、胡萝卜素、可溶性纤维、甘油酸及铬镍等微量元素，能降低血压。使得南瓜塔变成一种营养价值丰富的甜点。加入南瓜泥的南瓜塔真的很美味。

材料 Ingredient

8寸甜味塔皮　1个
南瓜泥　　　适量

做法 Recipe

1. 甜味塔皮做法请见P133，将南瓜泥倒入塔皮中放入烤箱。

2. 烤箱温度上火180℃、下火200℃烘焙约50分钟，待塔拿出时中心不再晃即可。

活在梦幻的时光里

草莓塔

　　外层铺满一颗一颗鲜美红嫩的草莓，在白色的奶油陪衬下，更加耀眼。草莓果肉多汁，酸甜可口，醇美甘甜，且有特殊的浓郁水果芳香，搭配酥香塔皮，酥香、嫩滑多汁、丝滑细腻等多种口感相互交织在舌尖舞动，仿佛将人带入了一段梦幻时光。这种美味配得上的奢华宠爱。

材料 Ingredient

6寸甜味塔皮	1个
法式布丁馅	适量
新鲜草莓	适量
杏桃果胶	适量

做法 Recipe

1. 甜味塔皮做法请见P133。

2. 将法式布丁馅倒入塔皮里面，上面摆上新鲜草莓，再涂上杏桃果胶装饰即可。

法式布丁馅

材料

低筋面粉11克，玉米粉8克，全蛋35克，黄油15克，牛奶200毫升，细砂糖45克，动物性鲜奶油125克

做法

❶ 将低筋面粉、玉米粉一起过筛，细砂糖、全蛋拌匀。
❷ 牛奶、黄油煮滚，加入拌好的面糊快速拌匀，煮至胶凝状离火，抹上薄薄的黄油（分量外）。
❸ 将动物性鲜奶油打至八分发与布丁馅拌匀即可。

口口留香

葡式蛋挞

　　葡式蛋塔是一种小型的奶油酥皮馅饼。完美的蛋挞应该是精致圆润的挞皮、金黄的蛋液，还有合适的焦糖比例。这样才能臻于普通蛋挞难以达到的完美。刚出炉的蛋挞口感松软香酥，内馅丰厚，奶味蛋香也很浓郁，虽然味道一层又一层，却甜而不腻。

材料 Ingredient

起酥小塔皮　　5个
（个人份）
（做法见P134）

内馅

牛奶	200毫升
细砂糖	65克
动物性鲜奶油	200克
全蛋	55克
蛋黄	5克

做法 Recipe

1. 牛奶、细砂糖加热煮至糖融化备用，将全蛋和蛋黄打匀倒入牛奶中拌匀，加入动物性鲜奶油拌匀后过滤，将浮在上面的泡沫去除，即为内馅。

2. 将内馅倒塔皮模型内，约八分满，放入烤箱。

3. 烤箱温度，上火220℃、下火200℃，烘焙13~15分钟即可。

基础泡芙

珍惜美味时光

泡芙在法语的意思中是"cherish"，即珍惜之意。它是一种源自意大利的甜食。蓬松中空的黄油面皮中包裹着鲜奶油、巧克力乃至冰激凌。酥脆口感的外皮，厚实饱满的内馅，外热内冷，外酥内滑，口感极佳。

材料 Ingredient

水	200毫升
盐	2克
色拉油	120毫升
高筋面粉	160克
全蛋	288克

器具准备

1. 烤箱预热，上火200℃，下火180℃。
2. 烤盘铺上烤盘纸。
3. 挤花袋套上直径1厘米的平口挤花嘴。

做法 Recipe

1. 锅内放入水、盐、色拉油，用中火煮到油水沸腾，期间要用长木勺不时地搅拌一下，避免油浮在水面，产生油爆，水滚后续加入全部高筋面粉混合均匀。

2. 锅继续加热，一边用长木勺不停地搅动，使锅内的油水和面粉拌匀，直到糊化的程度，即面糊能和锅底分离，即可熄火拿开锅。

3. 将做法2中的面糊倒入搅拌缸中，用浆状拌打器中速搅拌，待面糊温度降至60~65℃左右时，再将蛋液慢慢分次加入，每次的加入都要充分混匀，待面糊搅拌均匀后再继续添加。

4. 调节做法3蛋量，让面糊呈现刮刀刮起时，粘附在刮刀上的面糊呈倒三角形的薄片，而不从刮刀上滑下，面糊表面呈现光滑细致，则表示面糊的浓度恰到好处。

5. 将做法4的面糊装入挤花袋，挤面糊于烤盘纸上，每个面糊的直径约为5厘米的圆形，挤面糊时挤花嘴要靠近烤盘，呈垂直角度，面糊与面糊之间要保持适当的间距。

6. 手指沾水轻压做法5挤好的面糊整形，进炉前用喷雾器距离面糊约30厘米处喷水，以使泡芙表皮烤出香脆的口感。

7. 放进上火180~200℃、下火180℃的烤箱中，烘焙20~25分钟，至泡芙呈金黄色，且膨胀有均匀裂痕即可。

酥皮泡芙

　　泡芙没有花哨的外表装扮，却有着丰富厚实的内心，象征着一种幸福的味道。一口咬下，随着润滑内馅在口中爆开，满足的花朵在味蕾上绽放。第一口就想将它完全霸占！口口美味，霸道舌尖定会爱上泡芙。

面糊材料

水	225毫升
色拉油	75克
盐	3克
高筋面粉	200克
全蛋	300克

菠萝皮材料

糖粉（过筛）	85克
低筋面粉（过筛）	175克
奶粉	7克
黄油	45克
白油	45克
盐	1克
全蛋	60克

做法 Recipe

1. 将黄油、白油、糖粉、盐放入搅拌盆中，用打蛋器将黄油打发呈乳白色，续分次加入蛋液，每次的加入都要充分地搅拌使蛋液被吸收。

2. 将低筋面粉、奶粉过筛倒在桌面上，用刮板挖出凹槽，取出做法1打发的黄油放在凹槽内，以按压的方式拌匀，不可搓揉出筋，最后整形成团，即为菠萝皮面团。

3. 将做法2的面团分割成适当的大小，压平贴放在先前做好的基础泡芙面糊上。放进上火180～200℃、下火180℃的烤箱中，烘焙20～25分钟即可。

小贴士 Tips

➕ 菠萝皮进炉前不可喷水，未使用完的菠萝皮须尽速用完，或放于室温，不可冷藏，因为冰过会使菠萝皮硬化。

➕ 基础泡芙面糊做法请见P146。

➕ 泡芙内馅做法请参考P154～155。

这就是真爱
日式芝麻泡芙

当奶油爱上蛋糕，面包从此失恋了，但它把对奶油的爱深深地藏进了心底，于是有了泡芙。泡芙是法国传统的庆祝甜点，它象征着幸福，当一个一个泡芙被堆积起来，高的泡芙塔就是人们对满满的幸福的憧憬。而这款日式芝麻泡芙，在外层撒上了芝麻，让泡芙的香味更浓。

材料 Ingredient

水	250毫升
黄油	125克
低筋面粉	125克
全蛋	225克
黑芝麻 (熟)	适量

器具准备

1. 烤箱预热，上火200℃、下火180℃。
2. 烤盘铺上烤盘纸。
3. 挤花袋套上直径1厘米的平口挤花嘴。

做法Recipe

1. 锅内放入材料中的水、黄油，用中火煮到黄油完全融化，油水沸腾，续加入全部低筋面粉混合均匀。

2. 锅继续加热，用长木勺不停地搅动，使锅内的油水和面粉拌匀，直到糊化的程度，即可熄火拿开锅。

3. 将做法2糊化的面糊倒入搅拌缸中，用浆状拌打器中速搅拌，待面糊温度降至60～65℃时，再将蛋液慢慢分次加入，每次的加入都要充分混匀，待面糊搅拌均匀后再继续添加。

4. 调节做法3量量，让面糊呈现刮刀刮起时，黏附在刮刀上的面糊呈倒三角形的薄片，而不从刮刀上滑下，面糊表面呈现光滑细致，则表示面糊的浓度恰到好处，即可倒入黑芝麻拌匀。

5. 将做法4面糊装入挤花袋，挤面糊于烤盘纸上，每个面糊的直径约5厘米的圆形。手指沾水轻压整形，进炉前用喷雾器距离面糊约30厘米处喷水。放进上火180～200℃、下火180℃的烤箱中，烘焙20～25分钟即可。

备注：泡芙内馅做法请参考P154～155。

一见钟情

闪电泡芙

闪电泡芙是一款非常经典的法国小甜点，带有一种浓浓的法式浪漫气息，口味繁多，造型多变，形如手指，便利细长的造型，需手持闪电泡芙的一端，一口一口送入嘴中，便可尽享泡芙的美妙滋味，再也不用担心传统泡芙吃得满嘴奶油的尴尬。让你一见钟情。

面糊材料

水	155毫升
盐	2克
色拉油	93毫升
高筋面粉	124克
全蛋	223克

装饰材料

巧克力布丁馅 200克
（做法见P155）
苦甜巧克力　适量
（融化）

做法 Recipe

1. 将水、色拉油、盐煮滚后，将高筋面粉倒入快速拌匀，拌至糊化。

2. 面糊降温至60℃左右后分次加入蛋液，搅拌至面糊呈倒三角形且光滑细致。

3. 将做法2的面糊装入挤花袋中，挤出直径大约15厘米长条形的泡芙皮，烘焙前在泡芙的表面喷水。

4. 入炉温度上火180℃、下火180℃，烘焙约25分钟即可。

装饰 Decorate

⊕ 将泡芙的表面先沾上一层苦甜巧克力，待巧克力干硬，横向从中间切开填装巧克力布丁馅即可。

小贴士 Tips

⊕ 除了巧克力布丁馅之外，可将内馅换成香草冰激凌，表面淋上热热的苦甜巧克力，那滋味真是不可言喻，你一定要尝试一下。

10种泡芙甜蜜内馅

奶油布丁馅

材料

牛奶160毫升, 黄油13克, 细砂糖38克, 全蛋27克, 玉米粉7克, 低筋面粉9克

做法

❶ 先将低筋面粉、玉米粉一起过筛备用。

❷ 将细砂糖、全蛋、低筋面粉、玉米粉拌匀。

❸ 牛奶、黄油煮滚, 冲入做法2中拌匀, 再倒回锅中, 煮至胶凝状离火, 抹上薄薄的黄油后放置全凉, 再覆盖保鲜膜, 放入冰箱冷藏。

香草布丁馅

材料

香草棒1/2根, 牛奶160毫升, 黄油13克, 细砂糖38克, 全蛋27克, 玉米粉7克, 低筋面粉9克

做法

❶ 将低筋面粉、玉米粉一起过筛备用。

❷ 将细砂糖、全蛋、低筋面粉、玉米粉拌匀。

❸ 用小火将香草棒与牛奶煮至香味飘出, 将香草棒取出, 放入黄油煮到黄油融化, 将做法2冲入, 煮至胶凝状离火, 覆盖保鲜膜放凉, 冰箱冷藏。

柠檬布丁馅

材料

奶油布丁馅225克, 新鲜柠檬汁25克

做法

将奶油布丁馅与柠檬汁拌匀即可。

备注: 制作柠檬布丁馅时, 要注意柠檬汁中含有较强的酸性, 此酸原料会破坏玉米淀粉的胶, 所以柠檬汁应该在奶油布丁馅煮好后最后加入拌匀。

抹茶布丁馅

材料

奶油布丁馅250克, 打发的鲜奶油150克, 抹茶粉适量, 热水适量

做法

❶ 抹茶粉与热水溶开备用。

❷ 将打发的鲜奶油, 与奶油布丁馅先拌匀, 再与溶开的抹茶拌匀即可。

芝麻布丁馅

材料

奶油布丁馅250克，打发的鲜奶油150克，面包芝麻抹酱适量

做法

打发的鲜奶油，与布丁馅先拌匀，再与面包芝麻抹酱拌匀即可。

奶酪布丁馅

材料

奶油布丁馅250克，奶油奶酪125克

做法

将奶油奶酪隔水加热搅拌至融化没有颗粒与奶油布丁馅拌匀即可。

栗子布丁馅

材料

打发的鲜奶油125克，栗子泥250克

做法

将打发的鲜奶油与栗子泥搅拌均匀即可。

巧克力布丁馅

材料

奶油布丁馅125克，打发的鲜奶油75克，苦甜巧克力25克

做法

将打发的鲜奶油与奶油布丁馅先拌匀，再与融化的苦甜巧克力拌匀即可。

花生布丁馅

材料

奶油布丁馅250克，打发的鲜奶油150克，花生酱适量

做法

将打发的鲜奶油与奶油布丁馅先拌匀，再与花生酱拌匀即可。

酸奶布丁馅

材料

奶油布丁馅250克，原味酸奶125克

做法

奶油布丁馅与酸奶拌匀即可。
备注：酸奶可使用任何你所喜欢的水果口味。

传统原味舒芙蕾

步步惊心的那口细腻感

舒芙蕾一种源自法国的蛋奶酥,烘焙后会膨胀,口感轻盈。舒芙蕾的主要材料包括蛋黄及不同配料,拌入打匀后的蛋清,经烘焙质轻而蓬松。好的舒芙蕾要分秒必争地品尝,否则在短短几分钟内就会开始塌陷。要想好好地品尝舒芙蕾的那口细腻感,吃客们必就得分秒必争了。

材料 Ingredient

全脂鲜奶A	1000毫升
无盐黄油	125克
细砂糖A	125克
蛋黄	12个
细砂糖B	125克
玉米粉	125克
全脂鲜奶B	250毫升
香草精	少许

舒芙蕾材料

蛋奶酱	1500克
蛋清	1000克
细砂糖	300克
防潮糖粉	适量

制作舒芙蕾的第一步
基础蛋奶酱

蛋奶酱的材料简单，只要在制作过程中细心注意每个环节就能成功地煮出含有浓郁奶香的基础蛋奶酱，它是舒芙蕾的基底，学会了蛋奶酱的煮法也可以衍生出更多口味的变化喔！

做法 Recipe

1. 将材料中的全脂鲜奶A、无盐黄油以及细砂糖A放入锅中，煮至滚沸后熄火。

2. 将材料中的玉米粉和细砂糖B混合拌匀。

3. 取材料中约2/3的全脂鲜奶B加入步骤2中拌匀。

4. 将蛋黄加入步骤3拌匀，接着将剩余的1/3全脂鲜奶B加入拌匀。

5. 将香草精滴入步骤4中。

6. 最后将做法1冲入步骤5中拌匀。

7. 步骤6以中火煮至面糊冒泡，过程中须不停搅拌以避免烧焦，煮至面糊冒泡后即可熄火，起锅后待冷却备用。

制作舒芙蕾的第二步
蛋清的打发程度

　　蛋清打发程度将决定舒芙蕾的口感好坏，而蛋清要打得好，一定要用干净的容器，容器中不能沾到油或水，蛋清中更不能夹有蛋黄或蛋壳，否则就会无法打发，而且要将蛋清打至起泡后才能慢慢加糖，如果事先就将糖放入会很难打好蛋清，而且一定要打得很均匀，做出的成品质地才会细致。

做法 Recipe

1. 准备一个干净的钢盆，将内外擦拭干净。

2. 取舒芙蕾材料中的蛋清放入钢盆中，切勿混杂着蛋黄或蛋壳。

3. 将蛋清顺着同一方向打发至接近湿性发泡时加入舒芙蕾材料中的细砂糖继续打发。

4. 将蛋清打至细小泡沫愈来愈多，成为如同鲜奶油般的雪白泡沫，此时将打蛋器举起，蛋清泡沫仍会自打蛋器上垂下即为湿性发泡。

打发过头的蛋清

　　过度打发的蛋清泡沫硬挺，用打蛋器挑起雪白泡沫，即竖立而尖端勾垂，此时体积为原蛋液的5~6倍，若再继续打发，蛋清就会失去弹性，变成像棉花般的碎块状。

完成舒芙蕾的最后步骤
涂抹均匀的黄油和细砂糖

在掌握了蛋奶酱与打发蛋清的方法后，对于制作出优雅的舒芙蕾你已经成功了一半。紧接着跟着下面的步骤，就可以烘焙出漂亮的法式舒芙蕾啰！

做法 Recipe

1. 取1500克完成的蛋奶酱和打发的蛋清混合拌匀。

2. 将舒芙蕾烤杯模内面均匀涂抹上无盐黄油（烤杯内面底部不需抹无盐黄油）。

3. 将细砂糖倒入烤杯后，倾斜75度并转圈，让细砂糖可以布满杯内，再将多余的细砂糖倒出。

4. 将步骤1的材料，倒入步骤3的烤杯模中。

5. 将步骤4填好馅料的烤杯以抹刀抹平表面，重复上述步骤至材料用完为止。

6. 将步骤5的舒芙蕾置于有深度的烤盘中，加入高度到烤杯杯模1/3高的水量。

7. 将烤盘放入预热好的烤箱中，以上火230℃、下火190℃隔水烤25~30分钟。

8. 取出烘焙完成的舒芙蕾后，立即撒上防潮糖粉即可。

舒芙蕾淋酱

除了品尝传统原味舒芙蕾的最初单一口感外，喜欢尝鲜的你还可以淋上自制的淋酱，除了可以增加口味变化外，更可体验美食的多变和趣味。

桑葚酱

材料

桑葚果泥400克，细砂糖200克，杏桃酱200克

做法

桑葚果泥和细砂糖倒入锅中，开中火煮至60℃，再加入杏桃酱并以木勺拌匀后熄火即可。

芒果酱

材料

芒果果泥400克，细砂糖200克，杏桃酱200克

做法

将芒果果泥和细砂糖倒入锅中，开中火煮至60℃，再加入杏桃酱并以木勺拌匀后熄火即可。

百香果酱

材料

百香果泥400克，细砂糖200克，杏桃酱200克，百香果籽适量

做法

将百香果果泥和细砂糖倒入锅中，开中火煮至60℃再加入杏桃酱以木勺拌匀，再加入百香果籽拌匀后熄火即可。

香草酱

材料

全脂鲜奶500毫升，动物性鲜奶油500克，香草精少许，蛋黄8个，细砂糖200克

做法

❶ 将全脂鲜奶、动物性鲜奶油和香草精倒入锅中，以中火不停搅拌煮至滚沸后熄火。

❷ 取蛋黄和细砂糖打发至乳白色后，将做法1加入略拌匀，再倒回做法1锅中，开中火以木勺搅拌煮至85℃浓稠状，即可熄火待冷却备用。

舒芙蕾失败原因大剖析

　　舒芙蕾的制作并没有想象中困难，不过在每一个小环节中都要认真做到，因为若有丝毫的不注意，就会造成烘焙出来的舒芙蕾失败，接下来我们就来看看制作舒芙蕾时常见的两大失败原因吧！

NG1
外型塌陷
或膨胀不完全

　　若没有将奶油和细砂糖均匀地涂抹在舒芙蕾的烤杯模中，将会导致烘焙过程中舒芙蕾无法顺利膨胀出美美的外型。而有时膨起的外型不完全，则是因为烤杯模中的黄油和细砂糖没涂抹均匀，所以造成内馅被挤压出烤模外或烤出外型歪斜的成品。

NG2
内部口感不够滑嫩

　　制作舒芙蕾时，若蛋清过度打发成硬性蛋清，虽然烘焙出的舒芙蕾外表看不出有何异状，但只要品尝后就会发现口感并没有那么松软湿润入口。

饼干，
无法抵抗的诱惑

殊不知大家喜爱的饼干原来是一种舶来品。它是古人在准备烘焙蛋糕时，是用一点点面糊来测试烤箱的温度的。经过逐渐地发展，成为现在大家喜爱的小食品。尤其那些杏仁脆饼、能发挥自己创造力的各种趣味饼以及马卡龙等饼干早已抓住了大众的胃。还等什么，现在自己就可动手在家制作独爱的美味饼干。

送给最爱的人
甜心小饼干

　　心形的甜心小饼干，因加入了草莓酱变成一款粉红美观的小饼干。粉红通常给人一种浪漫之感，而浪漫又离不开爱。把藏在心中的爱，用自己的汗水浇灌出一款爱意浓浓的饼干，送给最爱的人。他或她绝对能感受这股化在齿间留在心底的爱意。

材料 Ingredient

全蛋	240克
蛋黄	40克
细砂糖	200克
盐	4克
低筋面粉	240克
草莓酱香料	5克
糖粉	适量

做法Recipe

1. 将全蛋、蛋黄一起打散成蛋液后，再放入细砂糖、盐打至乳沫状。

2. 继续加入过筛的低筋面粉、草莓酱香料于做法1中搅拌均匀，即为面糊。

3. 烤盘铺上烤盘纸后，将面糊装入挤花袋中，并使用圆孔平口花嘴，再把面糊挤成心形形状放置在烤盘上，并撒上糖粉，放入烤箱中以上火210℃、下火140℃烤8~10分钟即可。

酸酸甜甜就是这个味
帕比柠檬

帕比柠檬是一种软式小西饼，因水分含量也较多，烘焙出来的口感较软。柠檬的加入，让其口味变得独特，引入了柠檬的清新与酸甜感。酸酸甜甜就是这种滋味。

材料 Ingredient

黄油	250克
细砂糖	80克
全蛋	120克
低筋面粉	250克
柠檬粉	10克
泡打粉	1小匙
柠檬酱	150克

做法Recipe

1. 将软化的黄油、细砂糖一起放入容器内，用打蛋器打至乳白状。

2. 全蛋打散成蛋液后，分2～3次慢慢加入做法1中拌匀。

3. 继续加入过筛的低筋面粉、柠檬粉、泡打粉于做法2中搅拌均匀，即为面糊。

4. 将面糊装入挤花袋中，挤在5厘米平口的小塔杯中，再于面糊中间处放入柠檬酱，以上火180℃、下火150℃烤约25分钟即可。

卡片饼干

生日祝福卡

　　卡片饼干是一种硬性饼干。在制作它时，其面团、黄油、细砂糖的使用量差不多，因此会呈现出水分少、面团较干的特性，烤好后的饼干口感清脆爽口。而这款卡片饼干因为杏仁的加入，更加香脆。同时也寓含着一种祝福，一种爱意，把每一片用心做好的卡片饼干寄送你想要祝福的人，祝福的爱意就会通过舌尖传递到心脏，深深印在他们的心里。

材料 Ingredient

细砂糖	100克
黄油	90克
全蛋	1个
低筋面粉	160克
高筋面粉	40克
可可粉	1大匙
牛奶巧克力	50克

做法Recipe

1. 黄油软化后，与细砂糖一起打至松发变白。

2. 全蛋打散成蛋液，分2~3次倒入做法1中拌匀，再筛入低筋面粉、高筋面粉搅拌均匀即为面团。

3. 取1/2做法2的面团与可可粉拌匀后，放入塑料袋中，先以手压平，再用擀面杖擀成约0.5厘米厚的片状，以心形模型压出数个心形。

4. 其余面团放入塑料袋中，先用以手压平后，再用擀面杖擀成约0.5厘米厚的片状。

5. 用波浪形轮刀在做法4的面团上切割出7x9厘米的长方形后，再以心形模型压出心形，心形面团取出备用，此心形空洞置入做法3的心形可可面团，再用吸管在长方形面团上方钻一小孔，以便烘焙后可绑丝带装饰。（两色面团可交换使用）

6. 烤盘铺上烤盘纸，将做法5排入烤盘中，放进烤箱上层，以180℃烤约20分钟，取出待凉。

7. 将牛奶巧克力以隔水加热的方式融化，再装入小挤花袋中，在饼干上挤出自己喜欢的字形即可。

双色的魅力
棋格脆饼

双色棋格脆饼加入了可可粉，可可的味道令双色棋格饼干口感出奇的好，香香脆脆的。吃到嘴里面的两种口味，双重美味。而这款硬性饼干硬度比较低，很松，吃起来的口感刚刚好，连小朋友都很爱吃。棋格脆饼的双色魅力难以抵挡。

材料 Ingredient

无盐黄油	180克
糖粉	130克
全蛋	2个
低筋面粉	350克
可可粉	20克

做法Recipe

1. 无盐黄油软化后，加入过筛的糖粉一起打至松发变白。

2. 取1个全蛋打散成蛋液，分2～3次加入做法1的材料中搅拌均匀，再加入过筛的低筋面粉拌匀，即为原味面团。

3. 将原味面团均分为2份面团，取其中1份面团加入过筛的可可粉揉匀成巧克力面团。

4. 将做法3的原味面团和巧克力面团分别用擀面杖擀成长条形，并用保鲜膜包裹起来，放入冰箱冷藏至变硬后取出。

5. 取另1个全蛋打散成蛋液，在原味面团上和巧克力面团上刷上蛋液后上下叠在一起，从中间对切后再刷一次蛋液。

6. 将对切后的原味面团和巧克力面团相互交错叠成棋格状，并用保鲜膜包裹，放入冰箱冷藏至再次变硬。

7. 将冰硬的面团取出，撕除保鲜膜后切成约0.5厘米厚的长片状铺在烤盘上，放入烤箱上层以180℃约烤20分钟即可。

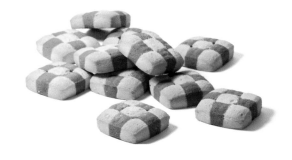

零基础也能做得好

杏仁脆饼

　　杏仁脆饼这道小甜点，以它简单的原料，没有太多技术含量的操作，更适合那些没有太多经验的烘焙爱好者。杏仁的加入，令饼干更加香脆有味。烤好后的杏仁蛋清脆饼要冷却后再吃，这样口感才是酥脆的。吃不完的脆饼，最好放入铁皮密封盒子里保存，并放在干燥和阴凉的地方。

材料 Ingredient

材料	用量
黄油	150克
细砂糖	120克
全蛋	1个
低筋面粉	300克
杏仁粒	80克

做法Recipe

1. 黄油软化，加入细砂糖打至松发变白。

2. 全蛋打散成蛋液后，加入做法1中拌匀，再将低筋面粉筛入搅拌均匀。

3. 杏仁粒泡水再沥干后，加入做法2中拌匀后，整个面团整形成长条状，再用保鲜膜包好，放入冰箱冷冻约1小时至冻硬，取出切片，约可切成30份。

4. 烤盘铺入烤盘纸，将做法3排入烤盘中，再放进烤箱上层，以上下火180℃烤约20分钟即可。

我不想长大
文字饼干

　　一见文字饼干，童年的回忆如潮水般袭来。还记得小时候最爱缠着妈妈爸爸给自己买文字饼干。文字饼干不仅蕴含的是一种儿时的回忆，更是一种对简单快乐的向往。或许爱文字饼干的人内心都有一种纯真的童趣，都在用一种美好的眼光看世界。也正因为如此他们更靠近快乐。

材料 Ingredient

无盐黄油	120克
糖粉	100克
全蛋	50克
低筋面粉	200克
高筋面粉	50克

做法Recipe

1. 无盐黄油软化，加入过筛后的糖粉打至松发变白。

2. 全蛋打散成蛋液后，分2~3次加入做法1中搅拌均匀。

3. 高筋面粉和低筋面粉过筛后，加入做法2中搅拌均匀，即为脆硬性面团。

4. 将做法3的面团装入塑料袋中，用擀面杖擀平后，再放入冰箱中略微变硬。

5. 把饼干压模放置在做法4擀平的面团上，略施力气向下压出形状后，整齐放入烤盘上，再放置于烤箱上层，并以180℃约烤20分钟即可。

绿色好心情
抹茶双色饼干

抹茶双色饼干的那一抹翠绿惹人喜爱，给人一种春天般的清爽感。事实上，其口味也是如此，抹茶清新的香味和那淡淡的茶味，中和了加入黄油制作而成的饼干中的腻味。与其他饼干相比，无论是从外形还是酥香的口感都会略胜一筹。

材料 Ingredient

无盐黄油	140克
糖粉	100克
全蛋	1个
低筋面粉	270克
抹茶粉	5克

做法 Recipe

1. 无盐黄油软化后，加入过筛的糖粉一起打至松发变白。

2. 全蛋打散成蛋液，分2～3次加入做法1中搅拌均匀，再加入过筛的低筋面粉搅拌拌匀后，即为原味面团。

3. 将做法2的原味面团均分成2份，其中1份原味面团加入抹茶粉揉匀成为抹茶面团。

4. 将原味面团和抹茶面团分别放入塑料袋中，用擀面杖擀成大小相等的2份面皮后，放入冰箱冷藏至稍微变硬。

5. 取出做法4的面皮，将2份面皮相叠在一起卷成圆柱状，再用保鲜膜包裹，放入冰箱冷藏至变硬。

6. 将做法5变硬的面团取出撕下保鲜膜，切成约0.5厘米厚度的圆片状铺在烤盘上，放入烤箱上层，以180℃约烤20分钟即可。

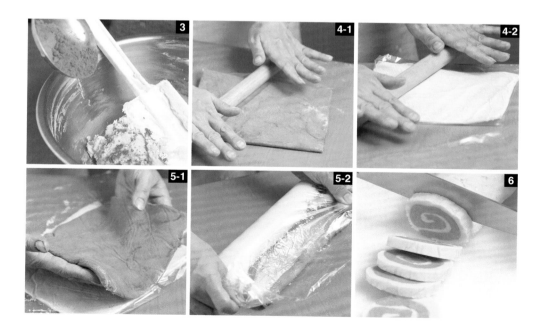

千层巧杏酥

千层巧杏酥，许多吃货的"真爱"。金黄色的酥皮，如星星般的杏仁粒，那层层酥脆，咬上一口，满嘴生香，真是让人爱不释口。浓浓的香味留在唇齿间，让人回味无穷。

材料 Ingredient

A:

黄油	30克
高筋面粉	220克
低筋面粉	60克
细砂糖	15克
水	150毫升
裹入油	230克
杏仁	300克

B:

蛋清	30克
糖粉	100克

做法Recipe

1. 黄油软化后，加入过筛的高筋面粉、低筋面粉和细砂糖、水一起混合搅拌均匀，即为面团。

2. 将做法1的面团放置室温中松弛15分钟后，用刀在面团上切十字刀痕。

3. 先用手略将面团四角压平往外延展，再用擀面杖擀成四角形。

4. 将裹入油用擀面杖擀成小于做法3面团尺寸的长方形后，叠在面团上。将面团的四边向内往中间折叠，并用手整理压紧。

5. 在桌面撒上高筋面粉，用擀面杖将面团擀成长方形。

6. 将长方形面团向内往中间叠成3折（用刷子刷掉沾在面团上的高筋面粉），放置室温松弛15分钟。如此重复做法6与7共3次。

7. 将材料B的糖粉过筛后，加入蛋清一起混合搅拌均匀，即为蛋清霜。

8. 将做法7的面团擀成约0.5厘米厚的面皮，表面涂上蛋清霜。

9. 再撒上杏仁，放入冰箱冷藏至稍微变硬后，用轮刀切割成数个长7厘米、宽2厘米的长方形，放置室温松弛15分钟，再放入烤箱上层，以210℃约烤12分钟即可。

与舌尖的爱恋
巧克力云

巧克力和坚果是绝配，这款巧克力云集合了杏仁的酥脆与巧克力的香甜，这就成了最诱人的组合，饼干酥脆，含有巧克力的浓香，大颗的杏仁很有嚼头，非常美味。让人吃完一块又想着第二块。或许这就是与舌尖的爱恋。同时，这款饼干很适合新手。

材料 Ingredient

蛋清	120克
细砂糖	100克
盐	5克
低筋面粉	50克
糖粉	100克
杏仁粉	100克
可可粉	10克
巧克力豆	105颗
杏仁片	175片

做法Recipe

1. 蛋清打发后，再将细砂糖、盐混合，分2~3次加入一起打发至干性发泡。

2. 将过筛的低筋面粉、糖粉、杏仁粉、可可粉放入容器内一起搅拌均匀后，倒入做法1中拌匀。

3. 烤盘铺上烤盘纸后，将面糊装入挤花袋中，并在烤盘中挤出每份约12克的圆形面糊。

4. 在每份圆形面糊上面放入3颗巧克力豆和4~5片的杏仁片后，以上火120℃、下火120℃烤约30分钟即可。

始终如一
卡布奇诺卡片饼干

卡布奇诺, 味道甜中带苦, 却又始终如一的味道。预示着, 等待就是甜中带苦, 怀着忠实的真心, 不会变心的等待。它独特的奶香可以把苦涩的咖啡变得香醇、浓厚, 即使不爱这种味道的人也会为它而着迷。现在以它为原料做成卡布奇诺卡片饼干, 脆香的饼干有卡布奇诺的香醇、味苦。就如你的爱情有甜蜜、有苦涩, 但会带给你幸福。

材料 Ingredient

黄油	80克
糖粉	100克
蛋清	140克
杏仁粉	180克
低筋面粉	350克
可可粉	6克
咖啡酱香料	5克
全蛋液	适量

做法 Recipe

1. 将软化的黄油、过筛的糖粉一起放入容器内, 用打蛋器打至松发。蛋清打散后, 分2~3次慢慢加入容器中拌匀。

2. 继续加入过筛的低筋面粉、杏仁粉于做法2中搅拌均匀, 即为原味面团。

3. 将原味面团分切成2份, 取其中1份加入可可粉、咖啡酱香料拌匀成咖啡色的面团。

4. 再将2种口味的面团用擀面杖擀成约0.5厘米厚度的薄片状面皮, 再依序压入自己喜欢的模型容器内相叠一起, 表面再抹上全蛋液后排入烤盘中, 以上火160℃、下火120℃烤约20分钟即可。

大圈小圈
巧克力圈圈饼

　　巧克力圈圈饼由大小圆圈组合而成，小圆圈的表面刷的是白色巧克力，而大圆圈是可可粉等原料做成的巧克力饼干。小圆圈白巧克力口感丝滑，大圆圈的巧克力口感松脆微苦，可以中和黄油带来的甜腻感，双色搭配，口味升级。

材料 Ingredient

糖粉	130克
黄油	135克
全蛋	1个
低筋面粉	320克
可可粉	30克
鲜奶	3大匙
白巧克力	100克
鲜奶油	30克

做法Recipe

1. 黄油软化；糖粉过筛后，与黄油打至松发变白。

2. 全蛋打散成蛋液后，分2~3次加入做法1中拌匀，筛入低筋面粉和可可粉拌匀，再倒入鲜奶搅拌均匀即为面团。

3. 将做法2的面团用擀面杖擀成约0.3厘米厚，用保鲜膜包好，放入冰箱冷藏约30分钟后取出，先用大圆形压模压出两块饼干，再取其中一块以小圆形压膜压除中间的圆形部分，边缘用刷子抹上鲜奶（分量外），最后将2块饼干重叠在一起。

4. 将白巧克力隔水加热至完全融化时，与鲜奶油拌匀，装入挤花袋，挤在做法3饼干面团的中心处。
（重覆做法3与4，约可做出15片圈圈饼）

5. 将做法4的饼干面团排入已铺烤盘纸的烤盘，放入烤箱上层，以180℃烤约20分钟即可。

备注：做法3中鲜奶的功用是黏接2块饼干，也可以巧克力酱代替。

精致的优雅
原味马卡龙

马卡龙是一种用蛋清、杏仁粉、细砂糖和糖霜所制作而成的。通常在两块饼干之间夹有水果酱或奶油等内馅，这种甜食出炉后，以一个圆形平底的壳作基础，上面涂上调合蛋清，最后加上一个半球状的上壳，形成一个圆形小巧甜点，呈现出丰富的口感。外壳酥脆的口感，内部却湿润、柔软而略带黏性，有一种让味蕾迷恋的魔力。

材料 Ingredient

杏仁TPT粉	250克
糖粉	100克
蛋清	100克
细砂糖	50克

做法Recipe

1. 将杏仁TPT粉过筛，再将糖粉以筛网过筛备用。

2. 让蛋清回温至20℃左右后，将蛋清先打发，并加入25克的细砂糖持续打发至泡泡变细。

3. 再加入剩下的25克细砂糖，继续打发至接近干性发泡阶段。

4. 将做法1的所有材料加入做法3的盆中，搅拌混合至无干粉即可。

5. 把做法4搅拌好的面糊装入平口嘴的挤花袋内，在烤盘上挤出大小一致的形状。

6. 将做法5挤好面糊的烤盘放在阴凉处静置，等约30分钟以上，至面糊表面结皮。

7. 将做法6结好皮的面糊，放入预热好的烤箱中，以上火210℃、下火180℃烤约10分钟至饼体膨胀起来后开气门，再续烤约5分钟至表面干酥即可。

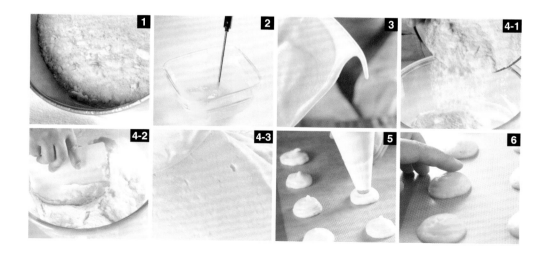

无法停止爱

杏仁薄烧

　　杏仁薄烧的脆香、清爽不油腻为它赢得了大家的青睐。这款饼干只是薄薄的一层，却集合了原本带有一种醇香的黑芝麻、白芝麻、杏仁片以及南瓜子，在烘焙过程中与面粉的香味邂逅，醇香更浓郁，酥脆香甜，让人停不下来。

材料 Ingredient

蛋清	75克
全蛋	1个
细砂糖	110克
低筋面粉	60克
杏仁片	100克
黑芝麻	25克
白芝麻	25克
南瓜子	50克

做法Recipe

1. 将蛋清、全蛋一起打散成蛋液后，放入细砂糖用打蛋器拌匀。

2. 继续放入过筛的低筋面粉、杏仁片、黑芝麻、白芝麻、南瓜子于做法1中搅拌均匀后，放入冰箱冷藏1小时以上后取出。

3. 烤盘铺上烤盘纸后，再用汤匙舀取做法2的面糊于烤盘中，放入烤箱中，以上火130℃、下火130℃烤约25分钟即可。

杏仁瓦片

杏仁瓦片这款小点心，简单易做，很适合新手。一见它，忍不住一片接一片地吃不停。脆脆的却不硬，口感非常好。而杏仁含有丰富的单不饱和脂肪酸，有益于心脏健康；含有维生素E等抗氧化物质，能预防疾病和早衰。健康又美味的小点心，谁不爱？

材料 Ingredient

材料	用量
蛋清	120克
细砂糖	90克
黄油	30克
低筋面粉	20克
玉米粉	20克
杏仁片	170克

做法Recipe

1. 蛋清加入细砂糖一起轻轻拌匀。

2. 将黄油隔水加热融化后，倒入做法1的材料中拌匀。

3. 低筋面粉、玉米粉过筛后，加入做法2的材料中一起拌匀再过筛一次，再加入杏仁片混合均匀即为杏仁片面糊。

4. 烤盘纸上放好模板，将杏仁片面糊用汤匙舀入模板内摊平，并且注意杏仁片不要重叠，放入烤箱上层，以180℃烤15～20分钟即可。

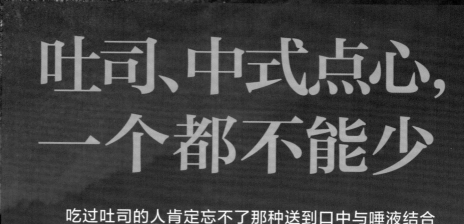

吐司、中式点心，
一个都不能少

　　吃过吐司的人肯定忘不了那种送到口中与唾液结合后，拥有恰到好处的湿润度，疏松又有弹性，愈嚼愈甜，那种独特香味让人久久不能忘怀。中式点心的魅力也不例外，不过现在的你不再需要一家一家店去搜寻你爱的食物，只要在家动动手，就能拥有一样的美味。

平凡就是那个味
白吐司

模型：900克吐司模型2个
吐司造型：平顶长方形

　　吐司面包是西式面包的一种。原料是方包，放在烤面包机烤至香口取出，在方包的一边批上黄油、果酱等配料，用两块方包夹起来便成，热食更美味。早晨起来，给自己两片烤吐司，配上一杯咖啡或果汁，整天活力四射。

材料 Ingredient

高筋面粉	1006克
速溶酵母	10克
细砂糖	40克
盐	20克
奶粉	40克
水	634毫升
改良剂	10克
白油	40克

做法 Recipe

1. 将白油以外的材料全部放入搅拌缸中，以慢速拌打至面团成团，加入白油，续以中速搅拌至拉开破裂处呈锯齿状的扩展阶段，后续转中速搅拌至面团可拉出薄膜且破裂处呈完整圆洞的完成阶段。

2. 将做法1的面团取出，滚圆放入钢盆中，移入发酵箱中，以温度28℃、湿度75%进行基本发酵。发酵约90分钟至体积膨胀为2倍，以手指自面团中央戳入时呈持续凹陷即可。

3. 将做法2完成的面团分割为10个小面团，分别滚圆并加盖松弛15分钟，擀开成长条状，再将面团由前后向中央折成三折。

4. 将做法3再次擀开，卷成圆筒状，再加盖松弛15分钟，以手稍微将边缘压齐整形，装入模型中移入发酵箱，以温度38℃、湿度85%进行最后发酵。

5. 待做法4发酵至8分半满时，盖上模型盖，入烤箱，以上火200℃、下火220℃烘焙约40分钟即可。

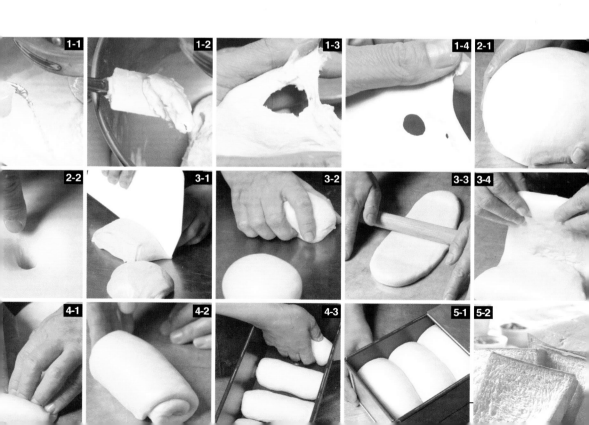

温柔了舌尖

汤种吐司

模型：900克吐司模型1个
吐司造型：山形（五峰）

汤种吐司是吐司的一种。奶香浓郁，质地柔软。"汤种"在日语里意为温热的面种或稀的面种。相比其他面包，汤种面包的淀粉糊化使吸水量增多了，因此面包的组织柔软，有弹性，而且可以延长面包的保存时间。这款面包因加入奶粉，还有一股浓郁的奶香味。

材料 Ingredient

A:

高筋面粉	135克
热水	200毫升

B:

高筋面粉	324克
细砂糖	46克
盐	7克
酵母	7克
奶粉	18克
改良剂	5克
全蛋	38克
水	66毫升
黄油	55克

做法Recipe

1. 将材料A中的水煮沸，冲入材料A中的高筋面粉内，以擀面杖拌至均匀无干粉状。

2. 将做法1的面团放入塑料袋内，放置至温度仅剩微温时，再放入冰箱冷藏，即为汤种面团。

3. 将材料B（黄油除外）全部放入搅拌缸中，加入做法2分切成小块的汤种面团以慢速拌打至均匀，转中速搅拌至面团可拉出薄膜，但破裂处呈锯齿状的扩展阶段，加入黄油搅拌至面团可拉出薄膜，且破裂处呈完整圆洞的完成阶段。

4. 将做法3面团滚圆放入钢盆中，移入发酵箱中，以温度28℃、湿度75%进行基本发酵约1小时，至体积膨胀为2倍大。

5. 取出基本发酵完成的面团分割为180克的小面团，分别滚圆并加盖放置松弛约15分钟。

6. 将松弛好的小面团擀开成长条形，折3折后擀开并加盖放置松弛约15分钟，再次擀开卷成圆筒状，即可入模，放入发酵箱中以温度38℃、湿度85%作最后发酵，等体积膨胀至模型的9分满时，入烤箱以上火180℃、220℃烘焙约40分钟即可。

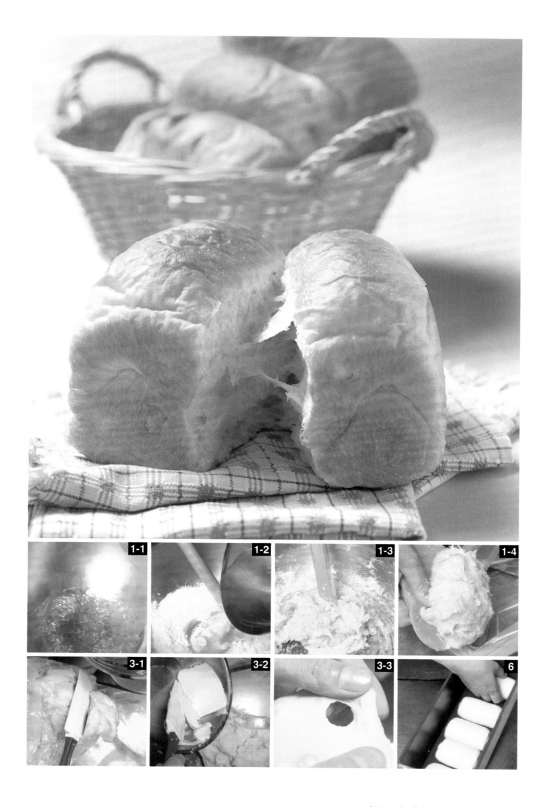

不是丹麦制造
丹麦吐司

模型：水果条模型4个
吐司造型：辫子形

丹麦吐司是一款重油面包。虽然使用到的黄油很多，但只要做到开酥均匀，在食用时，是不会感觉油腻的。而且这款加入了香甜可口的烤杏仁片，吃起来更加香。奶粉与蛋的加入，让这款面包拥有了一股奶香味，喜欢奶香味的人绝对不能错过。

材料 Ingredient

A:

高筋面粉	329克
低筋面粉	141克
速溶酵母	9克
盐	7克
细砂糖	56克
冰水	212毫升
奶粉	28克
全蛋	71克
黄油	56克
裹入油	226克

B:

全蛋液	少许
烤过的杏仁片	少许

做法 Recipe

1. 将材料A（黄油、裹入油除外）混合搅拌至面团可拉出薄膜，但破裂处呈锯齿状的扩展阶段。

2. 加入黄油搅拌至面团可拉出薄膜，且破裂处呈完整圆洞的完成阶段。

3. 将面团滚圆放入钢盆中封上保鲜膜，移入冷冻库中，松弛15～20分钟。

4. 取出做法3面团压成4角突出的形状，中央放入裹入油将4角向中央折起包好，擀开并折3折，重复擀开与折3折的做2次，再次放入钢盆中封上保鲜膜，移入冷冻库中，松弛约30分钟。

5. 取出做法4擀开成宽30厘米、长18厘米大小的长方形，加盖松弛约10分钟，再分割成长6厘米、宽30厘米的长条共3条。

6. 将每条再分切成3条，但顶部不切断，交叉编织成辫子状且切口朝上，编好后将收口压紧。

7. 将两边折至底部，即可入模，放入发酵箱中以温度38℃、湿度85%作最后发酵，等体积膨胀到与模型同高时，表面刷上全蛋液但不可刷到切面，撒上杏仁片即可入烤箱，以上火160℃、下火200℃烘焙35～40分钟即可。

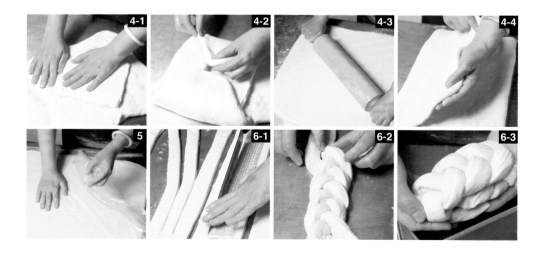

天然的健康
全麦吐司

模型： 900克吐司模型2个
吐司造型： 平顶长方形

全麦吐司是指用没有去掉外面麸皮和麦胚的全麦面粉制作的面包。它的特点是颜色微褐，用肉眼能看到很多麦麸的小粒，质地比较粗糙，却有一股香味。它含有丰富粗纤维、维生素E以及锌、钾等矿物质，养价值比白面包高，因此深受健康人士的喜爱。

材料 Ingredient

A:
高筋面粉	300克
全麦粉	100克
速溶酵母	5克
水	240毫升

B:
全麦粉	100克
红糖	30克
盐	10克
奶粉	25克
改良剂	5克
水	60毫升
黄油	25克

做法Recipe

1. 将材料A全部放入搅拌缸中，以慢速拌打至无干粉，转中速续拌至面团拉开破裂处呈锯齿状的扩展阶段，将面团滚圆放入钢盆中，移入发酵箱中，以温度28℃、湿度75%进行基本发酵约90分钟至体积膨胀为2倍大。

2. 将材料B（黄油除外）全部放入搅拌缸中，加入做法1分切成小块的中种面团，以慢速拌打至无干粉，转中速拌至成团。

3. 做法2加入黄油，转中速搅拌至接近面团可拉出薄膜，且破裂处呈完整圆洞的完成阶段，滚圆放入钢盆中，加盖松弛20～30分钟。

4. 取出松弛好的面团分割为180克的小面团，分别滚圆并再次加盖放置松弛约15分钟。

5. 将松弛好的小面团擀开卷成圆筒状，重复擀卷1次，即可入模，放入发酵箱中以温度38℃、湿度85%作最后发酵，等体积膨胀至模型的9分满处时即可入烤箱，以上火200℃、220℃烘焙约40分钟即可。

不再单调
红豆吐司

模型：450克吐司模型2个
吐司造型：圆顶形

　　讨厌白吐司的单调，讨厌全麦吐司的粗糙口感，那么红豆吐司不会令你失望。红豆吐司因红豆的加入，口感糯糯的，香甜松软，回味无穷。早晨，温暖的阳光，从窗外射进来，一杯暖暖的果汁加上红豆吐司，美好的一天就这么开始了。

材料 Ingredient

A：
高筋面粉	427克
速溶酵母	5克
水	256毫升

B：
高筋面粉	107克
细砂糖	53克
盐	8克
奶粉	32克
水	11毫升
全蛋	53克
改良剂	5克
黄油	43克

C：
| 蜜红豆 | 200克 |

做法 Recipe

1. 将材料A全部放入搅拌缸中，以慢速拌打至无干粉，转中速拌至面团拉开破裂处呈锯齿状的扩展阶段，将面团滚圆放入钢盆中，移入发酵箱中，以温度28℃、湿度75%进行基本发酵约90分钟至体积膨胀为2倍大，即为中种面团。

2. 将材料B（黄油除外）全部放入搅拌缸中，加入分切成小块的中种面团，以慢速拌打至无干粉，转中速拌至成团。

3. 将黄油加入做法2中，转中速搅拌至面团可拉出薄膜，且破裂处呈完整圆洞的完成阶段，滚圆放入钢盆中，移入发酵箱中，以温度28℃、湿度75%进行二次发酵约30分钟。

4. 取出做法3面团分割为2个面团，分别滚圆并再次加盖放置松弛约15分钟。

5. 将做法4松弛好的小面团擀开，分别撒上100克的蜜红豆，卷成圆筒状，即可入模，放入发酵箱中以温度38℃、湿度85%作最后发酵，等体积膨胀至模型的9分满处时，入烤箱以上火160℃、下火220℃烘焙约35分钟即可。

菠萝吐司

我是一款"纯面包"

模型：450克吐司模型2个
吐司造型：圆顶形

　　菠萝吐司其实跟菠萝无关，这一款没有任何水果的纯面包。因为在制作过程中，外层形成一层如菠萝皮般凹凸的香酥脆皮，因此取名为"菠萝吐司"。奶粉与其他原料的加入，令这款风味独特。那股香甜酥脆、柔软劲道、淡淡的奶香味，令人难以忘怀。

材料 Ingredient

A:

高筋面粉	469克
速溶酵母	6克
水	281毫升

B:

低筋面粉	117克
细砂糖	59克
盐	9克
奶粉	35克
改良剂	6克
全蛋	59克
水	12毫升
黄油	47克

C:

酥油	25克
白油	17克
糖粉	42克
盐	1克
全蛋	30克
奶粉	3克
低筋面粉	82克

做法Recipe

1. 将材料A全部放入搅拌缸中，以慢速拌打至无干粉，转中速拌至面团拉开破裂处呈锯齿状的扩展阶段，将面团滚圆放入钢盆中，移入发酵箱中，以温度28℃、湿度75%进行基本发酵约90分钟，至体积膨胀为2倍大，即为中种面团。

2. 将材料B（黄油除外）全部放入搅拌缸中，加入分切成小块的中种面团，以慢速拌打至无干粉，转中速拌至成团，加入黄油转中速搅拌至面团可拉出薄膜，且破裂处呈完整圆洞的完成阶段，滚圆放入钢盆中，移入发酵箱中，以温度28℃、湿度75%进行二次发酵约30分钟。

3. 将材料C中的低筋面粉、奶粉分别过筛，再将酥油、白油、糖粉、盐放入钢盆中，以打蛋器搅拌至颜色变白且微发，分次加入全蛋拌至均匀备用。

4. 将奶粉、低筋面粉倒出置于干净台面上，加入做法3，利用切面刀翻拌，并以手掌将所有材料压匀即为菠萝皮。

5. 取出做法2松弛好的面团分割为2个面团，分别滚圆并再次加盖放置松弛约15分钟。

6. 将做法3松弛好的小面团擀开并折3折，加盖松弛15分钟，擀开卷成圆筒状，即可入模。

7. 将做法4的菠萝皮分成2份，分别搓成长条状，以手掌压成片状，覆盖在做法4面团上，放入发酵箱中，以温度38℃、湿度85%作最后发酵，至体积膨胀到模型的9分满时，即可入烤箱，以上火180℃、下火220℃烘焙约35分钟即可。

中式酥饼包法1
大包酥

    大包酥是一种中式点心。把水油面团按成中间稍厚、边缘稍薄的圆片，把干油酥闭放在中心包住，擀成长方形薄片，卷成筒形，揪成许多面剂，这种方法称为大包酥。其制作简单，操作时间也相对短些。喜欢什么口味，可以根据个人喜好调好内馅。

油酥材料

黄油	59克
中筋面粉	236克
全蛋	47克
细砂糖	19克
水	118毫升

油皮材料

低筋面粉	270克
白油	270克
玛其琳	190克

小贴士 Tips

➕ 将油酥面团放入塑料袋后，可在塑料袋的一角剪小洞，将空气推出，以便塑出所需的大小及形状。

做法Recipe

1. 将黄油置于室温下，使之软化备用。

2. 将所有油皮材料（含做法1黄油）放入搅拌缸内拌打至面团呈光滑状，再以塑料袋包好，在室温下静置松弛20~30分钟。

3. 将油酥材料内的低筋面粉过筛，和白油与玛其琳拌匀后，放入塑料袋内整型成方形，再置入冰箱冷藏30分钟备用。

4. 将做法2油皮整型成方形，四个角向外拉，中间包入做法3油酥，四个角再由外向中间接合，并捏紧接口。

5. 将做法4的油酥皮擀长，折成3折后，重复擀开，再重复折迭地做共3次。

6. 将做法5油酥皮放入塑料袋内，再置入冰箱冷藏松弛约30分钟（中间如不易擀开时，须先松弛约15~20分钟再擀，注意不要让面团表面结皮）。

7. 取出做法6松弛好的油酥皮，擀成0.8~1厘米左右之厚度，即可压模包馅。

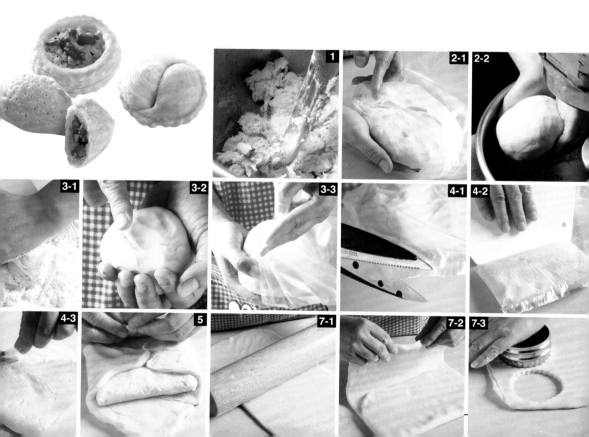

小包酥

小包酥是通过将水油面团与干油酥面闭分别揪成若干小剂，用水油面团将干油酥面闭包住，擀成薄片，叠成小三角形。小包酥法，制作费时，但起酥效果会更好一点。因此小酥包的外皮更加香脆可口。想吃什么味，就可以做成什么味。酥香味一点也不打折。

油皮材料

黄油	59克
中筋面粉	236克
全蛋	47克
细砂糖	19克
水	118毫升

油酥材料

低筋面粉	260克
黄油	130克

做法Recipe

1. 将油皮材料内的中筋面粉过筛。

2. 将做法1所有材料放入搅拌缸内，先以慢速搅拌至无干粉，再转中速搅拌至面团呈光滑状。

3. 将做法2面团以塑料袋包好，在室温下静置松弛20~30分钟。

4. 将做法3松弛好的油皮分割成30个备用。

5. 将油酥材料内的低筋面粉过筛，再和黄油搅拌成团，至不黏手，软硬度须和油皮一样。

6. 将做法5油酥分割成30个备用。

7. 取一做法4油皮包住做法6油酥，收口朝上，压扁擀成牛舌状后卷起，在室温下静置松弛约15分钟。

8. 取做法7松弛好的面团，接口朝上，压扁后再加以擀长，卷成圆筒状，在室温下静置松弛约15分钟。

9. 取做法8一松弛好的面团，接口朝上，以大拇指按压中间，再以手指从对角向中间收成圆形。

10. 将做法9面团，收口朝下，以擀面杖擀成圆形。

11. 将馅料放在做法10擀好的面皮中间，将面皮往中间收，再利用虎口将收口捏紧即可。

不能错过的口口酥香

芋头酥

芋头酥形如淡紫色玫瑰,精致优雅,其外形俘获了一些外貌协会的吃货们。它保有足够的芋香,又融入西饼的精致,皮酥馅多,一口咬下,松软酥香,口感细致绵密,甜而不腻,浓郁的芋香随之散发开来,让舌尖爱得不能自拔。

油皮材料

A:
中筋面粉	182克
黄油	68克
糖粉	22克
水	75毫升

B:
芋头酱	适量

油酥材料

低筋面粉	167克
黄油	83克

内馅材料

芋头馅	700克

做法Recipe

1. 将油皮材料A放入搅拌缸内拌至均匀。

2. 将油皮材料B芋头酱加入做法1中，拌打至面团呈光滑状，再以塑料袋包好，在室温下静置松弛20~30分钟。

3. 将油酥材料放入搅拌缸内，混合搅拌至与油皮相同之软硬度。

4. 将做法2油皮分割成每个35克，做法3油酥分割成每个25克备用。

5. 油皮包油酥，收口朝上，擀成牛舌状后，折成三折；再擀长卷成圆筒状，松弛约20分钟。

6. 将芋头馅分割成20个备用。

7. 取一做法5擀卷松弛好的油酥皮，从中间切开，切口朝上，擀成圆形后，包入做法6的内馅，以虎口收口整形后，置于烤盘上，再放入烤箱，以上火150℃、下火180℃烤25~30分钟即可。

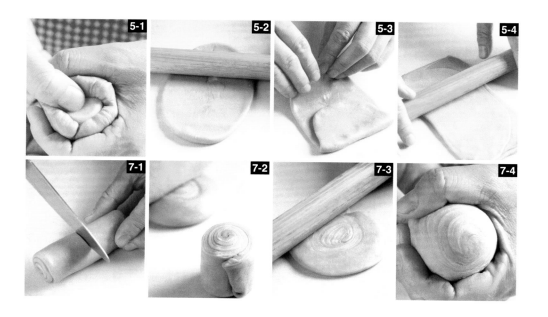

烘焙必备器具

烘焙器材琳琅满目，对于初学者实在是一大考验，因为即使选定了初次尝试的目标，但还是不知道要准备哪些器具。为了解决你的烦恼，以下便为你介绍近30款最基本的烘焙器具，清楚的图文解说，让你再也不会摸不着头绪!

磅秤Scale

　　称量材料重量的工具使用时需置放于水平桌面。传统式磅秤价格较电子秤便宜，但较难以准确量出微量材料，电子秤在操作上则较为精准方便，最低可称量至1克。

量匙MeasuringSpoon

　　通常1组至少有1大匙、1小匙及1/2小匙3种规格，1大匙为15毫升，1小匙为5毫升，方便于手工操作称量微量粉料或液体，如泡打粉、香精等材料。不锈钢材质量匙较为实用，可量取热水及柠檬汁等酸性材料。

量杯
MeasuringCup

　　1杯的标准容量为236毫升,可量取面粉或水、牛奶等液体,一般有玻璃、铝、不锈钢及亚克力等材质制品,使用时需置于水平面检视才能准确测量分量。

电动搅拌机
ElectricMixer

　　电动搅拌机的速度与搅拌头可以调整,会比自己动手搅拌更省时省力,容易控制面糊状态,当然用家用小台的搅拌机也很方便。

擀面杖
RollingPin

　　最常见的擀面杖有直型及含把手等型式,主要是将面团、面皮擀成适当厚薄之用,使用后必须洗净并干燥保存。

抹刀&切面刀
PaletteKnife&
DoughScrape

　　抹刀为无刀锋的圆角刀,专为蛋糕或其他糕点涂抹鲜奶油或其他霜饰之用,抹刀亦有多种长度大小可供选用。切面刀则专门用来切割面团,亦可帮助面团或派皮等材料混合时的操作。

毛刷
PastryBrush

　　主要作为沾取蛋液刷于成品表面之用,亦可用来刷除面团上的面粉或刷油之用,利用塑胶或天然物毛所制成,以动物毛刷较为柔顺好用,亦有以排笔代替使用者,使用后必须洗净干燥保存。

打蛋器
Whisk/Whipper

　　搅拌打发或拌匀材料,最常用的有直型、螺旋型及电动打蛋器。直型打蛋器用途最广,可打蛋、拌匀材料及打发黄油、鲜奶油等,钢圈数愈多愈易打发;螺旋型打蛋器则适合于打蛋及鲜奶油;电动打蛋器最省时省力。

橡皮刮刀&木匙
RubberSpatula&
WoodenSpatula

橡皮刮刀具弹性，常用来拌匀材料或搅拌面糊，可以将沾留于容器内的材料轻松刮除。木匙则用于搅拌有热度的馅料或材料，亦可作为煎铲使用。

小筛网
Sieve

主要用于将粉料过筛使之均匀，另外也常用来过滤液体以滤除杂质或气泡，使成品质地细致均匀。网目较细的滤茶器还具有过筛糖粉装饰成品的用途。

滤网、筛网
Strainer

主要功能为压滤材料，例如将蒸熟的马铃薯利用木匙压滤后，即为细致的马铃薯泥，亦可利用此法压滤水果果泥，或者作为一般的筛网来过筛粉料等使用，有不锈钢及竹制产品。

凉架
CoolingRack/
InvertRack

凉架用于放置刚出炉的烘焙成品以待其冷却，因烘焙成品含有水分，所以必须垫高隔离桌面保持通风，凉架具有加速冷却以及散发水气的功能，蛋糕凉架分为插入式及平放式两种。

榨汁器
Juicer

用来榨汁取得果汁之用，只要将柠檬或柳橙等水果切半，即可旋转压挤出水果原汁，并滤除水果的籽，对于制作糕点需使用少量果汁时十分便利。

容器
MixingBowl

打蛋或拌匀盛放材料的容器，一般以不锈钢及玻璃制品使用率较高，必须选择圆底无死角的圆盆，在操作上较为方便实用。

重石
PieWeights

铝制品，专门用来铺垫于生派皮或塔皮上一起入烤箱烘焙，以避免派皮或塔皮因烘焙而过度膨胀变形之用，亦可用红豆、黑豆等替代，但效果不如重石佳。

烤盘垫纸
BakingPaper

烘焙中西点心时，用来衬垫于烤盘上以隔绝食物与烤盘直接接触的垫纸，可利用市售专用的烤盘垫纸，或者铝箔纸、白报纸等均可。

温度计
Thermometer

烘焙用温度计大多用在测量油温、水温、面团发酵温度及融煮巧克力或糖浆时经常使用，测量温度范围至少需要在0~200℃，甚至达300℃才足够使用。

挤花袋&挤花嘴
PastryBag&Nozzle

最常用来装填鲜奶油作蛋糕甜点的挤花装饰，以及泡芙、小西饼等的整形制作，西点面包的馅料填塞也多利用挤花袋来完成。挤花嘴则有各种大小及花样，可配合挤花袋做出各种装饰图样。

面团发酵布
DoughMat

为树脂制的垫布，在制作饼干时，可将面团直接包起置入冰箱，取出后只要摊开即可直接擀制操作；亦可将发酵布铺置固定于台面，即为干净的操作台面，对于面包及饼干、派皮、塔皮等的制作十分便利。

研磨器
Grater

表面具有许多不同大小的孔洞，可作为刨丝、磨皮及磨泥之用，例如刨萝卜丝、奶酪丝，研磨取得柠檬皮或者磨苹果泥，以不锈钢制品材质较为坚硬好用，并可避免酸性腐蚀。

戚风中空模型
RingMould

适合制作面糊体积膨胀较大的戚风蛋糕，模型的中空处理可让面糊依附而上，并且在出炉后体积不会急速缩小，亦有各种材质及尺寸可供选择，以活模型在使用上较为方便。

槽状模型
LoafPan

长条形状的模型，适合制作磅蛋糕、小型吐司面包以及长条外形的羊羹、萝卜糕、冰激凌蛋糕等。如要制作吐司，另有专用的带盖吐司模，烘焙时需盖上盖子以烤出平整的平顶吐司。

舒芙蕾模型
SouffleDish

舒芙蕾专用模型，为陶瓷制品，模型侧边必须与底部垂直，面糊才能直顺而上达到最佳的膨胀效果，亦可作为烤布丁模型用，亦有耐热玻璃制品。

圆形蛋糕模型
RoundPan

使用率最高的蛋糕模型，有一体成型以及底盘与模身分开的活动式模型两种，各种大小尺寸，材质亦有铝、不锈钢、纸制等，除蛋糕外，亦可制作冷冻甜点、面包等糕点，但纸模不适合盛装水分含量较高的点心。

饼干模型
CookieMould

饼干模型种类有金属制及亚克力树脂制，在造型及功能上也各有不同，最常用的有将面团擀压成面皮后，再利用饼干模压出饼干外形的，也有将面团填入压挤出立体形状的饼干模，可依需要选择适合的模型使用。

烤杯模型
BakingCup

此款容量小的烤模，适合于烘焙马芬蛋糕、杯子蛋糕之类的小型糕点，纸杯烤模用后即可丢弃，美观又方便，亦有硅胶、铝或不锈钢烤杯可重覆使用，金属烤杯又可充当果冻模型使用。

巧克力模型
ChocolateMould

多为树脂加工材质制品，类似于制冰盒般有各种造型的凹槽，可将溶化的巧克力溶液倒入静置待其冷却定型，脱模扣出即为各种造型的巧克力。

咕咕霍夫模型
KugelhopfMould

此模型是铁弗龙材质，已经可防止粘黏，所以使用时可直接将面糊装入，不需再涂油撒粉。

硅胶模型
SiliconMould

硅胶模型是软材质，可耐热也可耐冻，最高温可至300℃，低温至零下30℃，制作时直接将面糊装入凹槽内烘焙即可。

烧烤模
BakingMould

以铝合金或铸铁材质制成的烧烤模型，需直接置于炉火上加热使材料烤熟，市面所售烧烤模多以日式烧烤制品为主，如章鱼烧烤盘、鲷鱼烧烤盘、车轮饼烧烤盘等，不粘涂层处理材质在使用时则要特别留意避免刮伤。

布丁果冻模型
Pudding&JellyCupMould

模型为了不使焦糖在布丁倒扣后流失，故其底部为平底设计，而果冻模为求晶莹透明的反射效果，通常都有波浪纹路，造型变化较布丁模型多，两者材质皆以铝、不锈钢为多，亦有亚克力制品。

派盘&馅饼模型
Pie&TartPanMould

为一圆形平盘，为了能填入馅料，馅饼模型侧边会有一定高度并与底部垂直，为利于脱模，亦有活式模型。派盘则是底部略小于整个面积、一体成型的浅盘，稍倾斜即可轻易将成品滑出脱模。

烘焙必备材料

对于中西点心的入门初学者而言，最令人望之却步的，莫过于一个比一个陌生的烘焙材料。为什么面粉还分成高筋与低筋？奶粉和牛奶作用又有什么不同？如果你的心中也有这些疑惑，以下为你介绍近50种基础烘焙材料，绝对能让你轻松悠游烘焙世界。

面粉及全麦面
Flour&Whole Wheat

制作糕点的主成分之一，常见的有高筋、中筋、低筋及全麦面粉。高筋面粉适合制作面包、面条，中筋适合制作包子、馒头，低筋则多用来制作蛋糕、饼干。全麦面粉含有胚芽麸皮，常用来制作全麦面包及饼干。

黏米粉
Rice Powder

将米碾磨成粉的制品，因为黏性较小，常用来制作如碗粿、萝卜糕、河粉等蒸煮后组织较为松散的糕点制品。

树薯粉
Tapioca

为树薯根部研磨提炼而成的淀粉，但市面上亦有部分是由马铃薯提炼，需辨识清楚。利用树薯粉制作的成品具有黏性和弹性，如娘惹糕、肉圆等。

玉米粉
Corn Starch

由玉米提炼出的淀粉，与澄粉相同，在调水加热后具有胶凝特，经常用于制作西点的派馅、奶油布丁馅。

澄粉
Flour Starch

即为小麦淀粉，为不含蛋白质的面粉，成品具有透明性，经常用来制作虾饺、水晶饺等中式点心。

盐
Salt

主要具有调和甜味或提味作用，一般使用精制细盐，制作面包面团时加入少量盐，还具有增加面粉黏性及弹性的作用。

细砂糖
Sugar

为西点制作不可少的主原料之一，除了增加甜味，柔软成品组织，在打蛋时加入具有帮助起泡的作用。

糖粉
Powdered Sugar

为颗粒研磨得最细的糖类，除了作为成品的甜味来源，还可作为奶油霜饰或撒于成品上作为装饰用。成品若需久置，则必须选用具有防潮性的糖粉，以免吸湿。

红糖
Brown Sugar

又称黑糖，含有较浓郁的糖蜜及蜂蜜香味，使用于某些风味独特或颜色较深的糕点产品，例如红糖糕、红糖浆。一般常见为粉末状，亦有块状红糖。

泡打粉
Baking Powder

俗称发粉，是一种由小苏打粉再加上其他酸性材料所制成的化学膨大剂，溶于水即开始产生二氧化碳，多使用于蛋糕、饼干等西点配方中。

小苏打粉
Baking Sod

为化学膨大剂中的一种，适合使用于巧克力或可可蛋糕等含酸材料较多的配方中，但若用量过多会产生碱味。

琼脂&琼脂粉
Agar

市售的琼脂有条状与粉状两种，是一种由藻类提炼而成的凝固剂，使用前必须先浸泡冷水，可溶于80℃以上的热水，成品口感具脆硬特性，在室温下不会溶解。

镜面果胶
Pectin

　　是一种植物果胶，可直接涂抹于蛋糕等甜点表面，形成一层光亮胶膜，具有增加光泽、防潮及延长食品保存期限的功能。

果酱
Jam

　　果酱可用于蛋糕或西饼夹馅，或者作为蛋糕体之间的接着剂，如瑞士卷。果酱加少许水或柠檬汁稀释煮开后，亦可涂抹于甜点表面的亮光胶，作为镜面果胶的代用品。

蜂蜜
Honey

　　由花粉中提炼出来的浓稠糖浆，具有特殊甜味以及黏稠的特性，制作蛋糕及饼干时经常添加以增加产品风味，遇冷时会结晶，必须以常温保存。

吉利丁&果冻粉
JellyT&Pearl Aga

　　两个性质相似，皆呈白色粉末状的植物性凝结剂，使用前必须先与细砂糖干拌以避免结块，可溶于80℃以上的热水。成品在室温下即可结冻，透明度佳，成品口感介于琼脂与吉利丁之间，另有蒟蒻果冻粉，口感则更为Q韧。

干酵母&新鲜酵母
DryYeast&
Compressed Yeast

　　酵母为一种单细胞植物，加入面团中发酵可产生气体使面团体积膨胀，并产生特殊风味。使用时新鲜酵母用量为酵母粉的两倍，应密封置于冰箱冷藏保存。

吉利丁片&吉利丁粉
Flour&Whole Wheat

　　又名动物胶或明胶，是一种由动物的结缔组织中提炼萃取而成的凝结剂，颜色透明，使用前必须先浸泡于冷水，可溶于80℃以上的热水。溶液中若酸度过高则不易凝冻，成品必须冷藏保存，口感具极佳韧性及弹性。

色拉油
Oil

　　由大豆提炼而成透明无味的液态植物油，经常使用于戚风蛋糕及海绵蛋糕的制作。色拉油若与白油以1：3的比例混合，则可代替猪油的效果。

牛奶
Milk

　　可用鲜奶或利用奶粉冲泡还原为牛奶使用，亦可将蒸发牛奶兑水后代替使用，三者之中仍以鲜奶风味最佳。

鸡蛋
Egg

　　西点中不可缺少的主材料之一，具有起泡性、凝固性及乳化性。须选择新鲜的鸡蛋来制作，一般配方中以中等大小的鸡蛋为选用原则。

黄油
Butter

　　从牛奶中所提炼而成的固态油脂，是制作西点的主要材料之一，通常含有1~2%的盐分，有时候制作特定西点时才会使用无盐黄油。黄油可使甜点组织柔软，增强风味，需冷藏或冷冻保存。

白油
Shortening

　　俗称化学猪油或氢化油，乃仿照猪油性质氢化制成无臭无味的白色固态油脂，可代替黄油或猪油使用，或作为烤盘模型抹油，冬天可置于室温保存，夏天则收藏于冷藏库即可。

酥油&乳玛琳
ButterOil & Margarine

　　酥油种类甚多，一般常用的是利用氢化白油再添加黄色素及黄油香料所制成的，价格比黄油便宜，被大量用来代替黄油使用。乳玛琳即人造植物油，亦可代替黄油使用，另有起酥玛琪琳，多用于制造起酥类等多层次的面包产品。

奶油奶酪
Cream Cheese

为未经熟成的新鲜奶酪，含有较多的水分，具浓郁的奶酪味及特殊酸味，经常用于制作奶酪类西点蛋糕，必须置于冷藏保存。

马士卡彭奶酪
Mascarpone Cheese

产于意大利的新鲜奶酪，其色白质地柔软，具微甜及浓郁的奶油风味，为制作意式甜点提拉米苏的主要材料，需置于冷藏库保存。

酸奶
Yogurt

酸奶为牛奶再经乳酸菌发酵而成的乳制品，具有独特的乳酸味，市面上所售酸奶口味众多，制作糕点时最好选用原味优酪乳来使用。

鲜奶油
Whip Cream

分为动物性和植物性鲜奶油，含有27%~38%不等的乳脂肪，拌打后可成为稳定泡沫，具浓郁乳香，动物性鲜奶油适合用于制作冰激凌、慕斯等；植物性鲜奶油则适合用来装饰挤花，依指示需冷藏或冷冻保存。

可可粉
Cocoa Powder

由可可豆脱脂所研磨制成的粉末，为制作巧克力风味甜点的原料，制作时应选用不含糖、奶精的100%可可粉，使用前需先溶于热水再拌入其他材料中，亦可撒在糕点上作为装饰用。

香草
Vanilla

香草精和香草粉皆是由香草豆所提炼而成的香草香料，香草精又有天然和人工两种，其作用为增加成品的香气、去除蛋腥味，由于味道香浓，使用时不可过量。香草棒则必须与液体一起熬煮才能释出香味。

咖啡粉
Coffee Powder

自咖啡豆中萃取而成的干燥颗粒，用于制作各种咖啡风味的糕点，如咖啡戚风蛋糕、咖啡冻、冰激凌等。加入材料前必须先溶于热水，以利于与其他材料的融合。

绿茶粉
GreenTea Powder

为100%由绿茶研磨而成的绿茶粉末，略带苦味，加入糕点中可使其具有绿茶风味，不可使用含糖或奶精调味过的即溶绿茶粉。

肉桂粉&肉桂棒
Cinnamon

又称玉桂粉，属月桂科常绿植物，取其树皮干燥研磨成粉即为肉桂粉，具有特殊香气，时常添加于苹果类、马铃薯糕点以及咖啡中，或者撒于甜甜圈上。

巧克力
Chocolate

自可可豆提炼而成，烘焙上使用以苦甜巧克力、白色的牛奶巧克力，以及调味的草莓、柠檬、薄荷巧克力等为主。隔水加热至50℃即可溶化，亦可削出薄片作为蛋糕上的装饰。

巧克力豆
Chocolate Bean

巧克力豆是将巧克力作成小水滴状，具有浓厚的巧克力风味。用于制作面包时，可添加在面团中增加口感与香味。

软质巧克力片
Soft Chocolate Chip

制作大理石面包时使用，包裹在白面团内，呈现双色的纹路，混合巧克力与原味双重口感。

综合水果蜜饯
Mixed Dry Fruits

取柠檬皮、橘皮、樱桃干等糖渍而成，是制作乡村面包、圣诞面包、水果蛋糕不可缺少的风味材料，使用前不需泡水，直接加入材料中。

葡萄干&红桑葚
Rasine & Mulberry

此类干制水果是西式糕点里经常出现的副材料，适时添加可丰富糕点风味及口感，通常会事先浸泡于水或洋酒中以补充水分，在面糊或面团即将搅拌完成时再加入拌匀即可。

威士忌
Whisky

由小麦等谷类发酵酿造制成的蒸馏酒，酒精浓度达40%，即使经过烘焙仍能保留酒香，适量加入材料中或涂抹于烤好的蛋糕体上，可提升丰富甜点的风味，白兰地亦有相同效果。

咖啡利口酒
Coffee Liqueur

香甜酒的一种，含有咖啡豆风味的蒸馏酒，制作提拉米苏或其他咖啡风味甜点时经常使用，亦可作为调酒或加入咖啡、淋酱之用。

朗姆酒
Rum

由蔗糖再发酵蒸馏而成的蒸馏酒，酒精浓度达40%，颜色呈琥珀色，具有浓烈的甜味芳香，经常被加入糕点中增加香气，或者用来浸泡葡萄干等干制水果以赋予酒香。

香甜酒
Fruit Liqueur

又称利口酒，是利用水果、种子、植物皮或根以及香草、香辛料等在酒精中浸酿蒸馏，再增加甜味而成，经常使用于糕点中以突显风味，常使用的有柑橘酒、樱桃酒、覆盆子甜酒等，亦可作为饭后酒。

樱桃&水蜜桃罐头
Canned Cherry & Peach

　　樱桃罐头多用于装饰糕点或作为水果塔材料之一，为染色后的糖渍品，有绿色和红色两种。水蜜桃罐头则经常用于水果蛋糕的夹层或表面装饰用。

杏仁碎&杏仁粉
Chopped Almond&
Almond Powder

　　杏仁碎经常用于西饼、巧克力的制作以及蛋糕侧边的装饰。杏仁粉则可直接加入材料中制作杏仁口味的蛋糕，以及杏仁豆腐等中式点心。

腰果&松子
Cashew Nut&Pine Nut

　　中式点心较常使用的坚果类，前者为美洲的热带植物所产果实，后者为松树果实内的种子胚乳，两者经常用于烘焙作为装饰或馅料材料，或者单独烤烘后作为零食食用。

果粒&派馅水果罐头
Fruitsinlightsyrup&
Pie Filling

　　分为拌入材料及夹馅用两种，前者常用的有小蓝莓及黑樱桃罐头，内含果粒及果汁；夹馅用水果罐头，用于直接夹馅或浇淋装饰于甜点表面，常用的有小蓝莓及红樱桃糖度较高。

杏仁豆&杏仁片
Shelled Almond&
Flaked Almond

　　西点常用的坚果类之一，使用前可先入烤箱烤熟风味较佳。使用时多切碎拌入主材料中，以制作核桃口味的糕点面包，亦可作为装饰之用。因含有较多油脂容易氧化，保存时需注意密封冷藏。

核桃
Walnut

　　西点常用的坚果类之一，使用前可先入烤箱烤熟风味较佳。使用时多切碎拌入主材料中，以制作核桃口味的糕点面包，亦可作为装饰之用。因含有较多油脂容易氧化，保存时需注意密封冷藏。

烘焙必备常识Q&A

❓ Q1: 为什么面粉分高筋、中筋、低筋，三者有何不同？

❗ 烘焙材料种类繁多，光是面粉就有高筋、中筋、低筋之分，另外还有全麦粉、裸麦粉等种类，一般制作蛋糕、饼干及中式点心的油酥，都是用筋度较低的低筋面粉；而中筋面粉就常使用于包子、馒头等发面制品，以及水饺皮、油皮、面条、西点的派皮；高筋面粉因为筋度最高，在搓揉成团后可产生面筋以包覆酵母释出的二氧化碳，适合用来制作面包类产品。了解了各种面粉的特性，下次再遇到没有清楚注明的食谱，你马上就能知道该用哪一种面粉了。

❓ Q2: 食谱中常有3克、5克的材料，该怎么称量？液体又要怎么量才准确？

❗ 西点配方中，如泡打粉、酵母粉、小苏打粉等膨大剂，以及香料、香精等，都是仅使用微量就能达到效果，添加太多反而会使风味变差或者组织口感不良。像这一类仅使用少量的材料，粉类的话可以利用量匙来量取，像泡打粉、盐等干料，1小匙约为5克，但切记不得挤压材料并要将满出的粉料刮除才精准。另外像液体，少量的话可以用量匙来量，以水或牛奶而言，1小匙即为5毫升=5克，如果用量在50毫升以上，只要将透明量杯置于水平桌面，并以与液面同高的水平角度来观测液体是否刚好到达指定刻度，这才是正确的称量方式。

❓ Q3: 可以将材料放入烤箱后，再开始加热吗？

❗ 如果等到面糊都拌好，面团都二次发酵完成，才开始预热烤箱，或将东西放入烤箱直接调至定温加热，这两种都是错误的方法。像面糊和面团类的产品，最重要的就是加热时机。因为面糊自拌好之后就会逐渐开始消泡，所以无论是在烤箱内等待加温或者是待烤箱预热到定温再放进去烤，蛋糕都会无法顺利膨胀而不发，甚至会产生沉淀。而面团在最后发酵完成后，如果不立即入烤箱烘焙，面团在室温下也会开始皱缩，如果放在发酵室不取出，却又会发酵过度，所以由此可知，在开始进行糕点的制作时，要记得先预热烤箱，才不会功亏一篑。

❓ Q4: 制作西点时，很多材料都要打发，此时应选用什么形状或材质的容器比较适合？

❗ 西点中除了面包以外，几乎每一道都有至少一项材料要打发，如蛋清、全蛋、黄油以及鲜奶油，就是最常见需要打发的材料。打发和拌匀不同，是需要借助打蛋器不断地搅打拌入大量空气，使材料体积膨胀或材质柔软的重要步骤，此时若是用有死角的容器来盛装，就会有很多材料积在边缘角落而无法被打发，所以应该使用圆底而有深度的不锈钢盆或玻璃盆。像铝及塑胶材质在打蛋器拌打磨擦的过程，容易使容器材质刮落融入材料中，对人体会造成不良的影响。

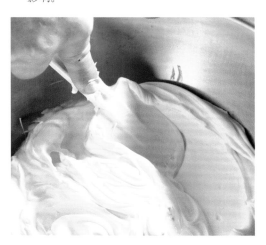

❓ Q5: 吉利丁、吉利 T 和果冻粉、琼脂粉有什么差异，应该如何使用？

❗ 这些都是属于凝固剂，除了吉利丁是自动物的皮、筋或骨骼提炼萃取出来的物质，其余三种都是自海藻等植物萃取而成的。吉利丁制作的产品弹性较佳，琼脂制品则口感脆硬，吉利 T 和果冻粉相似，成品质地稍软，口感介于吉利丁与琼脂成品之间，极适合用来制作果冻。以上凝固剂，都有遇热水即凝结的特性，所以必须先与细砂糖拌匀再加入冷水融化，煮到约80℃完全融化后再冷却，即可达到结冻的效果。吉利丁又分为粉状及片状，粉状吉利丁在使用前必须先浸泡于 5 倍的冷水中，吉利丁片则需浸泡于冰水中泡软，取出挤干水分后方可使用。质量较差的吉利丁粉会带有腥味，而吉利丁片则没有腥味，选用时必须留意。

❓ Q6: 发粉和酵母粉有什么不同吗？做馒头用的发粉和蛋糕用的一样吗？

❗ 酵母是一种单细胞植物，在充分的温度及营养条件下，可以吸收外面的养分进行发酵作用，慢慢释放出二氧化碳使面团膨胀，而泡打粉则是化学物质，遇水便开始快速地释放出二氧化碳。另外，就面团和面糊本身的成分而言，因为在制作蛋糕时通常都含有大量的油分和糖分，对于有生命的酵母而言，是无法生长繁殖的环境，再者面糊质地过稀，也无法保留住酵母慢速释放出的二氧化碳，而高糖高油却不会对发粉造成任何影响，只要有足量的水和温度便可作用，所以说面团适合于酵母发酵，而蛋糕面糊则使用发粉、小苏打粉等化学膨大剂较为有效。

❓ Q7: 制作发酵面团时，应该如何判断是否发酵完成？

❗ 面团发酵对于面包的质量口感影响很大，通常面团会作二次发酵，第一次称为基本发酵，必须置于 27 ~ 28℃，湿度约为 75% 的密闭环境中，待面团体积膨胀至原先的 2 倍，此时可以将手指沾上面粉，往面团中央轻轻戳入一个洞，若面团很快地又恢复原状，则代表发酵不足；相反的若四周面团很快地塌陷收缩，则已经发酵过度；最理想的状态则是面团既不弹回也不收缩，维持手印的凹入形状，这就代表发酵完成。面团整形后所进行的第二次发酵，即为最后发酵，只要见面团已膨胀为原先的 2 倍，就代表发酵完成，可以尽快入烤箱烘焙。

❓ Q8: 家的烤箱虽然有上下火开关，却不能个别调整温度，但食谱上却又注明上下火温度不同，应该怎么调整呢？

❗ 依各种产品的特性不同，有时候便有这种上下火不同温度的烤法，专业的烤箱当然可以个别调整，但一般家庭用烤箱就没有了。此时我们可以稍微变通一下，如果是下火温度比较高的产品，烤的时候可以将温度设定在上下火温度之间，再将烤架移到靠近下火的下层；反之，上火温度比较高的话，就将烤架往上移，这样即使上下火不能各自调整温度，也可以烘焙出还算不错的成品。

❓ Q9: 为什么我打蛋的时候，蛋都不易打发？

❗ 一般而言，鸡蛋都会存放在冰箱冷藏保鲜，但是温度太低会影响蛋的打发效果，做出来的蛋糕口感组织便不是那么理想了，为了避免这种情况，在制作之前，必须将蛋置于室温下回温。

在制作全蛋式海绵蛋糕时，因为全蛋在38℃左右时可打出最浓稠稳定的泡沫，所以蛋自冰箱取出后，要置于室温下回温，在搅拌打发时还必须移至炉火上加温才行；如果制作时是采分蛋法，也就是将蛋清和蛋黄完全分开处理打发的，因为蛋清极容易起泡，而其最适合起泡的温度是17～22℃，在这个温度所打出来的泡沫体积最大且稳定，所以这时我们只要将蛋清稍微回温即可。

❓ Q10: 常常分蛋时，蛋清蛋黄分得满手都是，有没有什么好方法呢？

❗ 制作蛋糕时，经常会碰到要将蛋黄和蛋清分开处理的情况，像戚风蛋糕、天使蛋糕以及分蛋式海绵蛋糕等，会需要将蛋黄和蛋清分别打发的原因，在于蛋清一遇到油脂以及水气，都会破坏其胶凝性而使蛋清无法成功地打发，进而影响蛋糕的成败，所以我们在打蛋清时，盛装的容器都必须干净无油无水才可以。至于分蛋方法，一般最为简便迅速的，就是将蛋壳敲分成两半，直接利用蛋壳将蛋黄左右移动盛装，蛋清自然而然就会流到下面的容器中，蛋壳中便剩下沥除蛋清的蛋黄。要是担心将蛋黄弄破，市面上还有一种分蛋器，只要将整个蛋打入分蛋器中，蛋清就会自动沥除，而留下一个完整的蛋黄，也是蛮便利的一种工具。

❓ Q11: 天气冷黄油软化速度很慢，有没有加快软化的方法呢？

❗ 黄油和蛋一样，都是必须贮存在冰箱的新鲜材料，而黄油冷藏或冷冻后，质地都会变硬，如果在制作前没有事先取出退冰软化，将会难以操作打发。黄油退冰软化的方法，最简单就是取出置放于室温下待其软化，至于需要多久时间则不一定，视黄油先前是冷藏或冷冻、分量多寡以及当时的气温而定，黄油只要软化至用手指稍使力按压，可以轻易被手压出凹陷的程度就可以了。如果要使用的黄油分量很多，慢慢静置等黄油软化的话，等待的时间将会延长，此时我们可以先将黄油分切成小块，这样可以加快软化的速度；否则也可以将黄油置于正在预热的烤箱附近，靠些微的热度来加速软化，不过用这种热源加热的方式时，必须特别留意切勿让黄油融化，否则将会影响成品的组织及风味。

❓ Q12: 制作出来的蛋糕里面常有结块，口感不佳是为什么呢？

❗ 制作组织松软的蛋糕时，有一道却绝不可省略的步骤，那就是面粉过筛。所谓的面粉过筛，就是将称量好的面粉以筛网筛过，视成品的需求不同，有时过筛一次即可，例如戚风蛋糕，有时则需过筛两次，如海绵蛋糕。过筛的目的，是在于将面粉里的杂质、受潮结块的面粉颗粒等，借助过筛的动作沥除或打散，尤其是制作蛋糕时使用率最高的低筋面粉因为蛋白质含量较低，即使未受潮，置放一段时间之后依然会结块，所以过筛一方面可以沥除杂质，另一方面则达到了打散结块的作用，以免拌出都是面粉颗粒的面糊而影响蛋糕质量。再者制作蛋糕时，除了面粉之外，通常还有其他如泡打粉、玉米粉等干粉类材料要一起加入拌匀，我们可以将粉类材料一起过筛，更重要的是可以将不同比重的材料也一起混合均匀了。

❓ Q13: 到底烘焙材料单位要如何换算呢？

材料	1小匙重量（克/毫升）	1大匙重量（克/毫升）	1量杯重量（克/毫升）
高筋面粉	2	7.5	120
低筋面粉	2	7	100
奶粉	2	7	100
可可粉	2	6	70
盐	4	13	210
糖粉	3	8	130
细砂糖	4	13	170
蜂蜜	7	20	290
黄油	4	14	225
水	5	15	200
鸡蛋（大）1个60克左右 蛋黄（大）1个18克左右 蛋清（大）1个38克左右		鸡蛋（小）1个55克左右 蛋黄（小）1个15克左右 蛋清（小）1个35克左右	

注：以上量杯一杯为200毫升

❓ Q14: 到底要选择什么样的烤箱才能轻松烘焙呢？

❗ 市面上的烤箱种类不一，但是一定要选择有上下火温度的烤箱才能制作烘焙饼干喔！而因为每台烤箱都会略有一些温度差，所以对于自己所购买的烤箱温度要了解，这样烘焙制作东西的时候，才比较能够得心应手。

❓ Q15: 为什么制作饼干需要使用到不同种类的面粉呢？

❗ 面粉有分高筋面粉、中筋面粉、低筋面粉三种，最主要的差别在于面粉的筋性不同，而因为筋性的不同，所以使用不同的面粉所制作出的饼干，它的口感也就会呈现出不一样。高筋面粉所制作出的饼干较为酥脆，而使用中筋面粉制作出来的饼干就会较为酥松，利用低筋面粉做出来的饼干则较为硬酥。

❓ Q16: 粉类材料为什么要过筛？

❗ 将粉类材料过筛，是为了避免结块的粉类材料直接加入其他材料中，不容易搅拌均匀，同时也经由这个步骤使粉类与黄油拌合，不会有小颗粒产生，烘焙出来的口感比较细致。过筛时，将粉类置于筛网上，一手持筛网，一手轻轻拍打筛网边缘，使粉类经过空中落到打蛋盆中。

❓ Q17: 为什么黄油要回温变软才能使用呢？

❗ 黄油通常都是放在冷冻中，因此黄油取出之后要放在室温之下让其稍微软化再使用，最主要是为了让它能够和其他材料融合以便操作，也比较容易打发，但是千万可不要让黄油软化到变成液态状喔！

❓ Q18: 如果家里有人不能吃太甜的点心时，如何制作出低甜度点心呢？

❗ 想要制作出低甜度的点心并不困难，只要将糖替换成代糖或者是海藻糖就可以了，尤其是海藻糖是连糖尿病患者都可以吃的糖，很健康哦！

❓ Q19: 如何制作才能让糕点中的坚果变得更好吃呢？

❗ 所谓的坚果大都是指像杏仁、核桃等坚硬的果类，因为放入糕点中可以增加脆硬的口感，所以常让人爱不释口，但如果想要让坚果变得更好吃，可以事先烘焙成半熟状态再加入面团或面糊中，这样坚果就会比较酥脆。

当饼干遇见模型

　　当饼干遇见模型时，会产生什么样的火花呢？这里就来一一破解可爱饼干之所以可爱的秘密。一团不起眼的面团，在模型的魔法下，化身成为一片片让人喜爱到不行的饼干！让饼干变身为各种可爱造型的模型可分三大类：饼干压模、挤饼器和挤花袋。

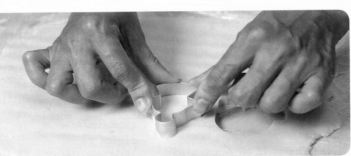

饼干压模

　　饼干压模拿来在面团上压下去就行了吗？不！不！不！如果就这么给它压下去，你的饼干将会功亏一篑喔！切记，饼干压模使用前要先沾些高筋面粉再压模，这样比较容易完整脱模。

挤饼器

挤饼器是初学者的最佳帮手，一般内附许多花式的造型，方便使用者直接套用，就可以变化出各种图形。使用时，先将造型器装在挤饼器底端，放入面糊，用手按压顶部把手即可挤出喜欢的形状。

挤花袋

适合用在较稀软的面糊，常见的花嘴有平口型、扁口型、波浪型等，套上花嘴后，装入面糊就可以挤花了，面糊中若有坚果类或其他如葡萄干、巧克力豆等颗粒较大的材料，可用大的平口花嘴或不套花嘴直接以挤花袋口挤出图形。

模型包装剪裁技巧

蜂蜜蛋糕木框模包法

模型可包裹白报纸，以方便烘焙完成的成品脱模，也可节省清洗的功夫，现在就以蜂蜜蛋糕最常用的两种模型作示范！

木框包法

 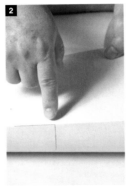  

1. 取4张白报纸，依木框模型放入大小，取适当位置于内侧作记号。

2. 将白报纸翻面，在所作记号的位置。

3. 折出木框的大小。

4. 沿着折痕处，由外往内剪至四个角的位置。

5. 将白报纸立成方形，套入木框中。

6. 再剪成木框的高度。

7. 多余的白报纸向外翻折，用胶带固定。

8. 模型制作完成！

模型使用法

　　长条状的模型,是初学者最为困惑不知如何处理使用的模型之一,这种长形模适合于制作面糊类的蛋糕,如磅蛋糕、水果蛋糕等,也可以作为小型面包的烤模,用途广泛。以下我们就要为你示范正确的涂油铺粉以及铺纸的方法。

刷油铺粉

1. 利用刷子在模型内每一面均匀地刷上一层薄薄的白油,四个死角处要特别留意必须刷油,以免烘焙时面糊黏在角落。如果偷懒随便刷刷,或者用手来抹油,效果都会大打折扣。

2. 模型都刷好油之后,将适量的高筋面粉倒入模型中。此时将模型内的面粉不断地上下左右移动位置,让面粉可以均匀地黏附在涂油模型的每一个地方,包括四个死角。

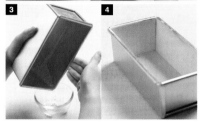

3. 若是还有未黏上面粉的地方,则再补充面粉继续铺粉的动作,最后若有多余的面粉,则必须将面粉倒除,以免留在模型中和面糊混在一起。

4. 均匀铺上面粉的模型,可以防止蛋糕烘焙时黏在模型上,使蛋糕容易脱模。

剪裁模型用纸

　　不想清洗油腻腻粘满面糊的模型,但却依然想保持成品的美观完整好脱模,那么在模型里铺纸可以达到效果,一般像烘焙纸、白报纸、羊皮纸等都可用来作为铺纸用,铝箔纸由于太易于定型且薄而易破,而且会影响传热,所以要避免使用。

1. 取一张够大的纸张,将纸张拉起与模型高度等高,以测量出模型高度所需纸张尺寸,另一边也一样利用此法预留纸张尺寸。

2. 将另外两侧纸张多余的部分折起,以方便稍后的裁剪。

3. 重新摊开纸张,固定住模型的位置后,即可在模型的四个角落稍往内定位划记,以免纸张折起后的底面积大于模型而无法装入。

4. 将确实所需的纸张大小剪下,并由四个角落分别往内剪开至划记的位置。

5. 折出与模型底部相同大小的长条形状后,即可置入模型中使之贴合,再将四边整理出角度,使纸张与模型内面完全密合即可。

软式面团

　　软式面包组织松绵且柔软，体积轻而膨大，质地细腻、富有弹性，塑造出柔软香甜的口感。

硬式面团

　　硬式面包组织细致、结实，具有浓郁麦香味，外表硬脆有嚼劲，保存时间较久。

丹麦面团

　　丹麦面团的面包外观层次分明、表皮酥脆呈金黄色，而内部组织松软，口感酥松、丰富。

各种西式
面团面糊
一览表

起酥面团

　　起酥面团包裹了大量油脂，所以在经过层层相叠擀制之后，在加热时油脂融化，就形成多层次的酥松口感。

香料面团

　　香料面团是在面团中添加各式浓郁风味的香料，如核果、干果，或各式干燥植物、香辛料等，以增添面包的风味。

脆皮面团

　　脆皮面团使用蒸气烘焙，使表皮酥脆、体积爆裂膨大，吃起来组织有弹性，富有口感。

乳沫面糊

　　乳沫类糊制式的蛋糕组织有质感，适合做更多造型装饰与变化。

重黄油面糊

重黄油磅蛋糕，以高筋面粉和油脂接近1:1为主，添加大量的油脂，使蛋糕的组织柔软细致。

泡芙面糊

泡芙面糊如果黏附在刮刀上的面糊成三角形的薄片，而不从刮刀上滑下，则表示面糊的浓度恰到好处。

派皮面团

传说师傅误将面粉过牛油，加热后造成的气洞，形成了的酥松。

戚风面团

戚风蛋糕口感细致，组织轻柔、绵滑。

塔皮面团

塔皮与派皮极为相似，但是塔皮质地较轻细，厚度常在1.5厘米以内，外型式样多。

软式饼干面糊

软式饼干面糊，水分含量较其他多，无法揉成团状，需装入挤花袋中，或是用挤花器挤出在烤盘上，烘焙出来的口感较软。

松类面糊

酥松类面糊的油含量多糖，糖又多过水分，面糊也松软型，口感比软式面糊作出的饼干稍微酥一些。

酥硬类面团

酥硬类面团的饼干，又称"冰箱小西点"，因为此种面团制作完成后需放到冰箱冷藏，烘焙前再取出切成小片状。

脆硬类面糊

脆硬类面糊烤出来的饼干，口感既脆且较硬，而糖的含量多寡，是决定饼干脆不脆的重要因素，因此脆硬类面糊，糖分添加的比例就较其他来得高。

面包制作基础Q&A

❓ Q1: 搅打好的面团不容易取下来该怎么办?

❗ 搅打好的面团容易黏在搅拌缸上而不容易取出来，此时只要倒入少许撖榄油或色拉油，再启动搅拌机搅拌几下，让油在面团表面产生润滑的作用，就能轻易地将面团取出来了。

❓ Q2: 搅打速度的快慢有何影响?

❗ 为了能容易掌握搅拌的阶段，同时避免使面团温度过高，都会选择以中速搅拌，而当材料还呈粉状时，为了防止材料散出才会采用低速，而高速可缩短搅打时间，但最好还是具有相当的制作经验之后再采用，才不容易失败。

❓ Q3: 搅打时材料黏在钢壁上无法混合均匀该怎么办?

❗ 在搅打的过程中，尤其在刚开始搅打的时候，因为材料尚未混合均匀，吸收水分多的材料会很容易黏在壁上，此时应先暂停转动，以橡皮刮刀或切面刀将这些材料刮下，再继续搅打，才能使所有材料能充分混合均匀。

❓ Q4: 如何判断已发酵至一倍大了?

❗ 通常判断发酵的程度，以体积来判断会比时间准确，因为在不同的温度、湿度环境与酵母质量好坏下，面团会有不同的发酵速度，体积的判断标准大致上以宽度来测量，宽度膨胀至一倍宽时就是发酵得差不多了。

❓ Q5: 为何要拍打面团?

❗ 面团在发酵的过程中会因为酵母的分布不均，使面团不同部位发酵程度不一，发酵剧烈的时候会产生较大型的气泡，这些气泡会使面包在烘焙后内部形成空洞，所以一定要在整形时将气泡轻轻拍出来，做出来的面包才会质地均匀。

❓ Q6: 面团的分割一定要百分百准确吗?

❗ 分割面团时小面团的重量越相近，之后膨胀与烘焙的程度也会越接近，为了控制发酵与烘焙的最佳时间，同时保持成品的美观与美味，最好能仔细地称量分割小面团，当然如果只是些微的相差2~3克重，还不致造成太大的差异。

❓ Q7: 包卷的内馅可不可以依自己喜好调整?

❗ 包卷在面团中颗粒状的内馅，多一些或少一些是可以依自己喜好调整的，只要不要相差太多，例如添加太多导致面团无法顺利包卷起来，或是出水影响烘焙质量，都可以酌量增减。

❓ Q8: 该怎么防止面团黏手?

❗ 面团在整形时常会有黏手的状况，最适合的改善方法是在整形之前，避免手上带有水分，同时先将双手粘上少许高筋面粉，就能降低黏手的机会，但要记得不要重复粘上太多面粉以免影响面包的质地。

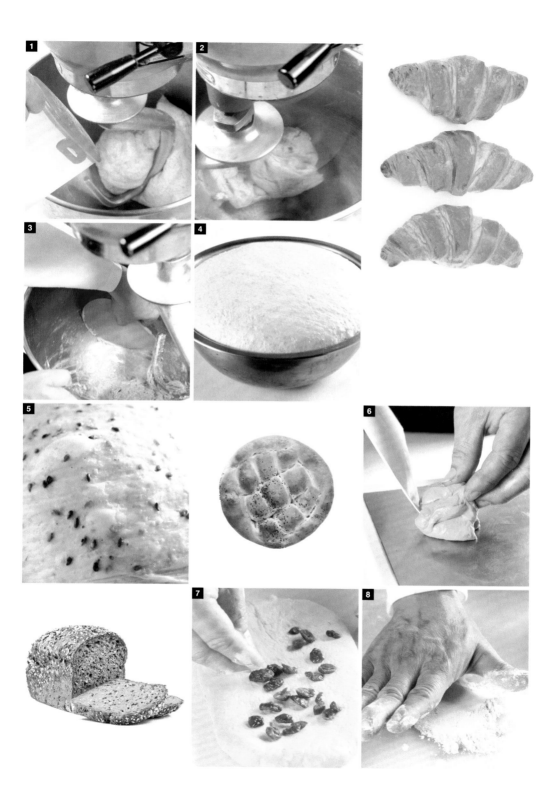

认识面包发酵法

直接法

　　"直接法"是将面团中所有材料，直接一次放入搅拌缸中搅拌成面团，所做出来的面团，所以也叫做直接面团，是步骤最简单的做法。由于一次搅打较大的面团，面团变化的时间也较缓慢，所以适合刚开始尝试做杂粮面包的新手，能够清楚地观察熟悉面团从头到尾的变化，一但熟悉了揉面、发酵的过程，应用在其他做法上就能驾轻就熟、一点就通了。简单与快速的做法，虽然省时，却牺牲了一些杂粮面包应有的美味，直接法所做出来的杂粮面包，在发酵的香味上没有那么丰富浓郁，但无庸置疑依然还是具有令人无法抗拒的美味。

中种法

　　"中种法"是指先将分量较少的中种面团进行到完成基础发酵的阶段，再与主面团的材料混合成最后的面团，以发酵的时间来说，与直接面团相同，都需要差不多90分钟的发酵时间，不过中种法对已经有点制作面包经验的人来说，会是最方便、容易控制面团状态的一种做法，尤其要同时制作多种口味的时候，可一次做出大量的中种面团，再分次搭配不同的主面团材料，反而会是更快速、有效率的做法。以美味来说，中种法所做出的杂粮面包风味要比直接法更好一些，因为谷物与发酵香气都更浓郁。在贩售杂粮面包的商家或是各地的烘焙教室课程中，中种法都是最常见也最基本的制作法，面包的成功率或是制作过程都位于中等的程度。

发面法

　　"发面法"的制作过程与中种法有点类似，都是先以少量的基本材料制成面团，先进行基础发酵，差别只是发面法是先以低温发酵的方式做出发酵种面团。低温发酵是发面法最大的特色，低温降低了酵母的活动，使发酵的时间延长，所谓慢工出细活，发面法做出来的杂粮面包，在香味上可是比其他方法都要更香醇许多。发酵种面团又称为"老面"，与中种面团相同，也适合用于大量制作不同口味时使用，而且面团由于本身低温，所以不必害怕一旦来不及准备主面团材料，面团就要发酵过头了，可以继续放在冰箱中密封保存，只要不要让面团脱水变干，就能方便分次取用。